U0902241

从这里开始，

拥有年轻，就扎实地感受年轻。

不要虚掷你的黄金时代，

不要把你的生命献给无知、平庸和低俗。

活着，

就要把你宝贵的生命活出生机来。

无论前方是什么样的艰难险阻，

我还是选择了自己想要的漂泊生活。

在充满选择的青春航船上，

畏惧输给了好奇，

而好奇给了我前行的勇气。

这一切都得感谢年轻。

有时候觉得生活真难啊，

可有的艰难又不一定是食不果腹，

还可能是没有尊严、没有希望。

这种艰难，

就像一只鸟儿拥有翅膀却失去了飞翔的渴望，

从此再也无法拥有蓝天、白云和所谓的自由。

所以我们要改变啊，

要对未来持有希望，

要在心里保留一束光。

不知从什么时候起，

我噌噌地变成了一个懂事的大人。

我想要改变，

改变不好的生活状态，

改变我不喜欢的一切。

这就是支撑着我走过来的

最为真实也最为奢侈的梦想。

这些年，四处漂泊，辗转城市之间。

有人问我， 四处漂泊的意义在哪里。

颠沛流离的日子，真的挺苦的，

但所有的苦都输给了

未知旅途带给自己的诱惑力。

活着，

就是为了见证自己每一步的成长。

酷爱赏冬天的雪，

喜欢吃冬天的火锅，

但又害怕冬天的寒冷。

所以作为一个南方姑娘，

真是既想看北方的漫天飞雪，

又想要南方的温热暖风。

我真是一个贪婪又矛盾的人。

那时的我们，

一起走在清晨或者黄昏，

看朝阳升起或是夕阳西下。

不时地有风吹过来，

感受着自由呼吸的美妙时刻，

开心溢满了浑身上下每一个细胞。

我喜欢拿着相机，按下快门，

记录下生活中

精彩又美丽的一个个瞬间。

按下快门的那些瞬间，

我觉得内心平静又快活。

活着，就要无声炸裂

南顾 作品

天地出版社 | TIANDI PRESS

图书在版编目（CIP）数据

活着，就要无声炸裂 / 南顾著. —成都：天地出版社，2019.3

ISBN 978-7-5455-4076-5

Ⅰ.①活… Ⅱ.①南… Ⅲ.①人生哲学—青年读物 Ⅳ.①B821-49

中国版本图书馆CIP数据核字（2018）第165976号

活着，就要无声炸裂

HUO ZHE, JIU YAO WUSHENG ZHALIE

出品人　杨　政
著　者　南　顾
责任编辑　张秋红　孟令爽
封面设计　徐　海
内文排版　思想工社
责任印制　葛红梅

出版发行　天地出版社
（成都市槐树街2号　邮政编码：610014）
网　址　http://www.tiandiph.com
http://www.天地出版社.com
电子邮箱　tiandicbs@vip.163.com
经　销　新华文轩出版传媒股份有限公司

印　刷　天津文林印务有限公司
版　次　2019年3月第1版
印　次　2019年3月第1次印刷
成品尺寸　145mm×210mm　1/32
印　张　8
字　数　165千
定　价　39.80元
书　号　ISBN 978-7-5455-4076-5

咨询电话：（028）87734639（总编室）
购书热线：（010）67693207（市场部）

推荐语

Recommendation

有的人天生适合写文，一笔一画皆是人间难得。她就是这样的一个人，笃定地坚持着自己的文字风格，细腻入微，贴近你所了解的生活，而其中又不乏独特的个人见解。如果非要用一个词来形容，那便是温柔如水。这是一本很像生活日记的书，琐碎的时间都被记录了下来。也像一本不经意翻开的故事集，娓娓道来她途经的风景。

阅读，是一件乐事，读南顾，是一件美事。

——微博大 V@ 思想聚焦（吴雁）

南顾的文字有一种能让人安静下来的力量。从她的笔下你能看到属于生活最宝贵的细节，那些被错过的瞬间，遇见的人和事，每一个值得被记住的日子。所有的文字都是有温度的，能直达你的内心，就像春天吹过的风一样，温暖而真实。

——知名微博博主 @ 刘阳 Cary

读南姑娘的文字，如沐春风。风里有淡淡的凉意，也有春天里软软的温情。有时候会惊觉如此恰到好处地点出了心意。茫茫人海间，我们相异又相似，欢笑畅意过，踌躇犹豫过，反省懊恼过，也终究原谅了自己和世界。

顾者，盼也。频频回顾的人，总是长情又容易受伤的。在她的文字里，有生活的日常，也有人生的顿悟，像她的名字，我们在回望中总结和成长，在文字里诉说和隐喻着，最后，让一切都随风。

祝好，也祝新书大卖，祝每一个用心生活的人，会被生活善待。

——知名摄影博主 @overwater

南和她的文字是孪生的，初见时，安安静静的南方女孩却让我觉得眼神流露的是坚定和炙热。我们一见如故，久逢的知己，已不需多言。

到了我这个三十岁的年纪，忙碌于工作，围绕于家庭，那么能让你觉得你还是你自己的时候，就是每晚睡前读南的文字的时候。它总是很轻柔，却很准确地触碰到你那块久未波动的感知，像在你耳边呢喃的爱人，在他怀里，给你温柔，给你安心，听你诉说，抚平内心。

如果说文字有灵魂，知悲喜，懂苦乐，那么你一定要和南的文字谈一场恋爱。

——知名摄影博主 @UPLUSKY 天航

南顾的文字里，生活中的琐碎在耳边敲打，每一段都是记忆中的似曾相识。

——知名摄影博主 @ 小醒 ISO

我们喜欢南顾，

超级期待她的第一本书。

了解她的人生，

找寻我们的故事。

前 言

PREFACE

无论痛与笑，
所有的过往皆是成长

梅雨将至，南方潮热。这本书完稿的时候，正值夏至。

冰箱里存放着一些杨梅、荔枝和西瓜。在南方度夏，水果和风扇，是标配，也是欣喜。

对夏天的热爱，多体现在阳光晒透肌肤留下金灿灿的颜色，或是空气里沉甸甸的质感。头发被汗水湿透，湿湿黏黏的，是夏天独特的气味。

但夏天又恰逢许多离别的契机。每次搬家，似乎都在夏天。以前我总说，人们留不住时间，我也留不住任何人。现在，城市也未留住我。

这些年，四处漂泊，辗转城市之间，流离，

不安，却也有舍有得。有人问我，活着的意义是什么，四处漂泊的意义又在哪里。

我竟然没法给出一个让自己满意的答案。仔细想想，颠沛流离的日子，真的挺苦的，但所有的苦都输给了未知旅途带给自己的诱惑力。大概，活着就是为了见证自己每一步的成长吧。

也有人问我，是不是越长大越难爱上一个人。其实不是，是越长大越能看清那是不是爱。

爱之于我们，犹如梦想之于英雄，是平凡生活里闪光的部分。年少把喜欢当成爱，长大成熟后便懂得，爱是责任，也是陪伴。

这本书里大多记录的都是生活中的真情实感，言语不免拙劣，因为毫无修饰，有些过于真实。回头再看一遍，就像是把自己毫不留情地摊开在阳光下，被人观看，被人记住，被人遗忘。

但无妨，这世间又有谁会真的记你一辈子呢。

书里的一些短篇故事，我之所以把他们写下来，是将之当作时间给我的赠礼。希望，这里面能有你钟爱的某一篇、某一人。

这是我的第一本书，基本是之前写过的文章。我将其一一整理，也有几篇新的文章加入，一起做成合集，出版。也许等明后年，我会考虑出一本长篇小说，毕竟这是自己一直想做的事。

我是一个特别不擅长交际的人，不擅长维护人际关系，但感谢一路以来遇到的关注和帮助。正是因为有你们，才有了这第一本书，或是下一本书的出现。

真心谢谢所有给予这本书的出版以帮助的人。感谢出版社编辑一直以来耐心地沟通和负责任地工作，感谢帮忙写推荐语的各位好朋友，感谢写作期间给予我灵感的每一个陌生人，也感谢每一个愿意等它面世的你。

无论痛与笑，所有的过往皆是成长。

和时间对话，我们见字如面。

正如，活着，就要无声炸裂。

目录

CONTENTS

ONE 年轻，肆意行走的荷尔蒙

TWO 燃炸，打拼的青春偏爱颠沛流离

FIVE 活着，努力向生硬的人生呐喊

年轻，
肆意行走的荷尔蒙

我的少女时代

你的青春年少里，有没有过这样的一个人，他的一举一动都令你为之动容，他的眉眼间全部是你的期盼。而你只能遥远地看着他，像遥不可及的梦想，像夜空中最亮的星。

我有。

那个五月的清晨，风轻轻拂过校服的裙摆，拂过街道口的蔷薇花，也悄悄吹来一场少女心事。

透过树叶，那个白衣少年百无聊赖地靠在教室门口的栏杆旁，懒洋洋的样子，看着就很吸引人。他长得干干净净，大概一米八几，一双澄澈的眼睛，笑起来像是会说话的星星。我站在对面的走廊远远看着，有些着迷。而他和我的距离，就像两条不会相交的平行线。

那天明明是晴空万里，我的心里却好像下了一场雨，浇灭了初夏所有的燥热，只剩下他遥远的模样。

就这样，那些个故意早起假装无所事事去栏杆边吹风的清晨，那个一遍又一遍被小心翼翼地偷偷写在日记本里的名字，那个被一笔一画郑重地勾勒进我十七八岁青春的男孩，在这个热气还未扑鼻的五月，像一枚重型炸弹一般“砰”的一声突然炸进我的青春里。

像所有喜欢幻想的少女一样，我也曾做过许多和他有关的梦。梦到他和我一起在操场边的台阶上做英语习题，在食堂一起用一张饭卡吃饭，坐公交车的时候一起分享左右耳机，在自习室看同一本书，分享同一部电影。周末的时候一起喝同一杯柠檬汽水，甚至一起分享夏天以后的生命。那些小心思就像一株株绿芽在这个越发浓郁的夏天，肆无忌惮地在我心里疯狂生长开来。

我总是会考虑见到他的时候该用什么表情什么动作，眼睛要看向哪里，嘴角要扯成什么弧度，可是每次一见到他就手忙脚乱反应迟钝，好像有些笨拙。不管偶然还是故意的相遇，我都做不好那个瞬间的自己。

那时候在心底偷偷喜欢着他的我，真像一只守着宝藏的巨龙，凶猛又天真，强大又孤独。

十七岁生日那晚，我收到了一盒手工草莓酱小饼干，奶味很香浓，咬下去的时候颗粒感很足。口腔里满满的都是甜甜的味道，有种像是小时候吃到了很好吃的东西的喜悦感。手机“叮”的一声显示收到了一条短信："生日快乐。你一口一个吃掉饼干的样子，一定很可爱。京。"看到这个日思夜念的名字，眼泪忽然就流了出来，心里好像有一壶烧开至沸腾得要炸开的水，炽热地翻滚着。而自己像一团被丢进水杯里的纸，皱成湿漉漉的一团。小心翼翼又鼓起勇气地回复了句："谢谢，我喜欢的你。"脸却麻麻的，一阵阵地红，手心冒着细汗。那一刻，所有的热烈一不小心就猛地发酵了起来，撑得心都鼓鼓的。

原来那些电影中的奇妙剧情，都有真实的成分。

那个胆小害羞的自己，终于还是做了一件勇敢的事。

在那一天，我的初恋到来。

他话不多，握笔的时候，骨节分明，有一种少年的力量。我们总是在夏天的夜晚围着田径场跑上那么几圈，然后大口呼着气躺在草坪上，手牵手望着夜空不说话。在很多个睡不着的夜晚，我会躲在被窝里给他发短信，把那些乱七八糟的念头统统说给他听。而他最喜欢做的事情就是陪我逛超市，买各种各样的水果和冰淇淋。

市立图书馆是我们最常去的地方。深秋的夜有些微凉，黄色的灯光照的人很舒服。找到一个人少的角落，拿上一本喜欢的书籍，翻开就是一个世界。他喜欢古诗词——唐诗宋词，元曲也喜欢。他念诗的时候，字句都带着一股温柔。明明是短短的诗句，被他那么一念，唇齿之间发出的声音便奇迹般地很动听。

在一起的第一个秋天，我们围上了咖色和灰色的同款围巾。他偶尔会带我去看画展和影展。和他一同牵手穿过那条有些昏暗的通道，骑着小电驴沿着海边公园一直走，就像偷偷把整个世界都游了一遍。我从背后紧紧地抱住他的时候，风刮到脸上也觉得甜蜜。

城镇的初冬，大街小巷里堆满了落叶，有的飘落在来来往往的行人的肩上、头发上。北方的许多城市开始下起大雪。而我们的城市，天气阴沉，偶尔落雨，就是不下雪。巷子里那只很凶的花猫悄悄没了踪影。那个常去的咖啡馆，胖胖的老板还是换掉了那个笨手笨脚的实习生，新来的姑娘心灵手巧，咖啡的拉花弄的得心应手。

曾经和闺蜜说过，初夏的遇见，一定是我十七岁最好的礼物。

年轻的我，想要爱情，想要远方，想要自由。想要和他一起去远方撒野，或者去他乡流浪，似乎只要和他在一起，我到哪里都可以，怎么样都会快乐。

可这样年轻又倔强的爱情，并没有持续多久。在那个无比闷热的夏天，悄然结束了。

他说他要去一座很遥远的城市读书，那里离我们的小城镇好像有两千多公里，在冬天会飘雪的北方。遗憾啊，我只能继续留在这座温暖的小城镇，这座满是回忆却不会下雪的沿海小城镇。忽然像是被谁偷走了全部的勇气一般，我没有和他说太多话，只能逞强地硬撑着说“没关系，但你要记得想我”。

八月末的晚上，他买了夜里十点的火车票，我去送行。他是一个多么爱笑的人啊，可那晚我并没有看到他的笑，他的眼神有些忧郁而严肃。我抱着他的时候，听着“扑通、扑通”的心跳声，却无法直视他即将远走的背影。他说，“你别哭，不然我会不放心”。我使劲地点点头，可眼泪还是藏不住，哭花了妆容。

火车开动的时候，双脚就情不自禁地跟着跑起来，似乎想要追赶着那段即将远去的青春，想要在最后的最后，再听一次那熟悉却即将消失的声音，想最后再感受一次我年少的爱情。可我又怎么可能追得上轰隆隆离去的火车。

原来，有的人，终究只是一场梦，或许又只是一阵风，带着夏日的味道来去匆匆，永远地停留在了那个闪闪发光的十七岁。

绿荫下的猫，一杯热咖啡，两个人公交车站的等候，那个在车站送别的夜晚，他大大的拥抱，以及那个全是回忆的学生时代，这些大概都是我美好的回忆。

那么，青春万岁，愿你终究会得到自己想要的答案。

所以，我还是要谢谢，谢谢曾经的那个少年，是他圆满了我的少女时代。

年少梦是一场无望旅行

我的两岁到七岁，是在一个南方小镇上度过的。

记忆里一年四季几乎都没有爸妈的陪伴，只有爷爷奶奶。没有堆积如山的各种玩具，没有周末的旋转木马和海盗船。印象里只有后院的那一片菜园子和离家一百米远的小溪流，以及家门前春夏秋冬都不会死去的老槐树，那里就是我童年的乐园。那时年幼无知的我，还没长大到会想太多关于大人的事情。我需要的，好像只是奶奶烤的红薯，爷爷钓回来的鱼，隔壁家哥哥每天陪我上下学，还有窝在我怀里的那只白猫。只要这些就够了。

我的爷爷是退伍老兵，身板硬朗，脾气特别倔，最爱做的事情是钓鱼。我奶奶比爷爷大三岁，脾气出奇地好，说话声音不大，坏毛病就是特别爱唠叨。爷爷说，当年娶奶奶的时候家里什么都没有，穷得叮当响。正值假期，他跟队上领导的申请得到批示，就一个人扛着一小袋米、几个南瓜红薯，风尘仆仆地奔向奶奶家。到了奶奶家后他把东西放下，二话不说，扛起奶奶就走。村里人开玩笑说，奶奶被五花大绑嫁了个土匪军。这是一段陈年佳话。

奶奶在闲暇时候总爱和我说起这些往事，说着说着就满脸带着笑意。真可爱。

好像那些经历过大灾大难的人们，都特别容易释怀。他们不擅长记恨，也不擅长抱怨。对于那些艰辛的岁月，他们总抱着一种宽容的态度。所以在我看来，老一辈的爱情，普通是普通了点，但要比现在大多数的感情都要坚韧。

爷爷的记性不太好，每天都会忘记很多东西，今天钓鱼竿放哪儿啦，明儿要穿的袜子找不到啦，奶奶叨叨过他很多次，他总不记得。偶尔和奶奶吵几句，他转眼就忘得一干二净。但是他记得奶奶每天必须要吃维生素片，睡前要喝蜂蜜水才能入眠。

爷爷爱吃奶奶烧的热乎饭菜，特别是红烧鱼，可每次吃鱼总是不声不响地把第一块鱼肉夹到奶奶碗里。奶奶说，这一辈子没多大能耐，就是有点福气，嫁给了爷爷这样的老实人。这样的人不仅能包容你的缺点和不好，还会一心一意地对你好。我倒觉得是因为相互吸引，相互理解和尊敬，才能做到老来安稳。也可能是他们曾经一起接受了生活百般洗礼，见证了彼此的长久爱意，才能在朴实的生活之中多少找出点浪漫。

那时候，爷爷每天都会带我出去玩，奶奶会给我讲故事，隔壁家哥哥会教我读书识字陪我写作业，晚上我会给猫咪洗澡、喂鱼，然后抱着它看电视、睡觉。这只奶奶养了几年的猫咪一直很乖巧，毛发油亮、奶声奶气，从来没有抓伤过我。倒是有一次，看到一个比我高约半个头的孩子欺负我，它“哧溜”一下跳到对方身上把人家给抓破了皮流了血。

后来我长到了五六岁，奶奶给我讲的故事还是和从前一样没变，爷爷带我去玩的地方也没有变。这个小镇，即使时间一年年流逝，人们也都在发生着细微的变化，只有它始终维持着最开始的样子。除了家门前的老槐树，它曾经在某一年生过病，叶子都坏死了，还没到秋天就光秃秃的只剩满树的大枝丫。不久后，隔壁的哥哥也随家人搬到了大城市，好像那是个要坐很久的火车、要穿过很多个隧道才会到达的地方。

好像就是从那时起，我开始想要离开这里，离开这个陪伴了我好多年的小镇。

七岁那年的十月，爸妈从省城坐了很久的火车来到这个小镇，他们把我的东西塞到一个很大很大的行李箱里，有爷爷亲手做的木偶，奶奶缝制的衣服、布鞋，还有隔壁家哥哥留给我的书和玩具。他们早上八九点到，傍晚六七点要走，不过夜。妈妈说，你有什么话要和爷爷奶奶说的就说吧，这次一走可能就要很久很久不能回来了。七岁那年的我，根本不知道很久很久是多久，是不是如同他们没有回来过的时间一样久。我只知道，我好像要长久地离开这里了，离开朝夕相处的爷爷奶奶，离开这个满是回忆的地方，一想到这里，眼泪就啪啪地掉了下来。

太阳落山的时候，爸妈拉着沉重的行李箱，让我和爷爷奶奶道别。爷爷站在门后，低头抽着闷烟，奶奶扯着围裙擦眼泪。那天我穿着奶奶缝制的海蓝色竖裙，抱着猫咪，一步一步走远，不敢回头。

那一天，我第一次懂得什么是分别。

我以为，我离开小镇终于来到了大城市，周末就可以和爸妈去游乐场玩，就可以像个城市的孩子一样穿漂亮的公主裙、小皮鞋，日子就可以变得比以前丰富多彩。可我终究是个孩子，想的就是美。

六十平方米大小的房子，装修朴实，家具简单。爸爸的衣柜里只有几套衣服，妈妈只有三双鞋。我的小房间，只有一张一米五的床，一个小衣橱，还有一个玩具熊。幸好，我还有我的猫。爸妈每天都很忙，起早贪黑，一周七天全部工作，周末无休。他们没有时间带我去想去的游乐场，也没有像爷爷奶奶一样给我讲故事，更没有时间听我的小唠叨。我不知道爸妈每天在做什么，只知道他们看起来很忙很辛苦。所以，我必须像个大人一样照顾自己。每天早上我需要自己准备简单的早餐，然后收拾好东西自己去学校，晚上回到家自己写作业，饿了会简单吃点东西，然后等着他们回来。

好多个夜晚，我躺在床上睡不着，看着天花板数星星。我十分想念家乡的爷爷奶奶，想着奶奶种在菜园子里的菜应该可以吃了，想着老槐树的叶子是不是又掉光了。我想回到那个小镇，想像以前一样可以坐在爷爷肩膀上去钓鱼，累了就可以钻到奶奶怀里睡。

在这座城市里，陪我最多的还是那只猫，我还没有正式给它起名字。

后来，好像因为爸妈的工作有了起色，我们搬进了一个漂亮的房子。房间大了，家具也变得多起来，我的玩具开始一个接一个排排坐。那是个花园小区，有很大的门口，还配着门卫，有游乐设施，还有许多小湖。妈妈的衣柜里有很多衣服，颜色鲜艳，很漂亮。她化妆技术越来越好，每天都把头发弄得很漂亮。爸爸天天刮胡子，头发梳得很光滑，穿起西装皮鞋神采奕奕。我的衣服从棉麻布裙变成了从商场里买来的各式各样的裙子。他们给我报了很多兴趣班，带我去许多好玩的地方旅行。因为生活变得宽裕，吃的、喝的、用的、住的都变得丰盛了。似乎一切都在往更好的方向发展。

时间飞呀飞，一转眼我就成了初中生。

可我不喜欢我的十三岁，不喜欢那个再次改变我人生轨迹的十三岁。

本该是享受美好的年纪，我承受最多的却是不该有的彷徨和恐惧。那时的我每天做的最多的事情只有两件：一是祈祷爸妈不要离婚，二是希望不要再搬家。父母总是因为各种问题不停地吵架、摔东西，彼此撕扯。每当这个时候，我只能一个人躲在房间里哭，不敢出来，哭累了就自己趴在床上、地上、门后睡觉，不知道他们什么时候会停止争吵。好像门缝里看到的争吵，无时无刻不萦绕在我的脑海。以前爷爷说过，最后能走到一起的两个人一定是相爱的，就算吵架也只是吵架，终究分不开的。我是多么希望我的爸妈就是这样的两个人，应该就是这样的两个人。他们也一定会像爷爷奶奶一样，陪伴彼此走完这一生。

十四岁，我读初二那年，爷爷因病去世。我们驱车回到那个久违的小镇。爷爷家门前的那棵老槐树下再也看不到他等我的身影了，奶奶的菜园子也因为没人打理荒芜了。记得我站在好远好远的地方就开始哭，好像真正意识到，我再也没办法回到从前，从前那个夕阳西下高声唱红歌的四五岁，而我失去的，再也回不来了。

奶奶不久也得了重病，被接到城里叔叔家照顾。叔叔家离我家有二十分钟路程。每个周末学校放假的时候，我就会去看望奶奶，给她讲讲学校里的事情，带她去公园转转，吃那些她还吃得动的美味。可是，奶奶总是想回到小镇上，想回到有爷爷的地方。她心心念念的地方，是与爷爷生活了一辈子的地方。可能她忘记了，爷爷已经不在了，可能她没有忘记，只是我们都不懂。

十六岁那年，我读高中。九月份的时候，我们一家搬去了离学校很远的地方。那一片属于城市工业区，每天工厂作业声轰隆隆地响，地面尘土飞扬。我家离叔叔家的车程从二十分钟一下变成了四十分钟，而高中只有周日下午可以回家，所以再也没有办法像答应奶奶的那样，经常去看她。算起来，从我来到城市开始，我们不停地搬家，爸妈争吵的次数也在不停地增加，而我的恐惧感，也变得越来越强烈。我害怕认识新的朋友，拒绝接受新的事物，也不想熟悉新环境，害怕才养成一种习惯，才交到一些新朋友，就要再次搬离。所以大多数时间我宁愿钻到书堆里，用五颜六色的画笔画着没人看得懂的画，在日记本上写着没人会懂的心情。如果生活不能让自己快乐，我们只能想办法给自己筑造一个乐园，一个不必整日惶恐的地方。可是偏偏那一年，成了让我感到最艰难绝望的一年。在那一年，忍无可忍的爸妈离了婚。

知道事实真相的我，不知道哭了多久，又央求了多久，但改变不了他们的决定。爸爸临走前轻轻地抱了抱我，让我好好学习，将来考个好大学，找个好工作。他匆忙带走的只有那几套衣服，还有我给他的书信文件。他把车子开走之前，回头看了看曾经风雨与共的妻子，又看了看我，好像转头哀叹了很久。妈妈什么话都没说，起身转头回家，把爸爸剩下的东西收拾好打包，让我过段时间送给他。十六岁的分离，比七岁那年更让我崩溃，也更为长久。

即使我从未真正感受过美好的人生是何种样子，也从来没有埋怨过自己的家庭、自己的童年，以及自己一步步咬着牙熬过来的人生。有些东西我根本无法选择，也没有能力改变，我努力奔跑也不是为了改变这个世界，只是为了保持自己的初心。这些年，我从来没有特别贪心地想要什么东西，更不会和别人争抢东西，只觉得事事顺其自然即可，是你的终究是你的。

在十六七岁原本应该青春无忧的年纪，我却噌噌地变成了一个懂事的大人。我变得贪心起来。我想要回到七岁以前的光景，有爷爷奶奶照顾，有夕阳猫咪陪伴；我想要回到十六岁以前的生活，有爸爸妈妈的日子，就算忙忙碌碌却平平淡淡；我想要改变，改变所有的生活轨迹，改变我不喜欢的这一切。这就是支撑着我走过来的，最为真实也最为奢侈的少年梦。

但所有称之为梦的东西，都难以企及。无论经历过多少次离别，经历过多少次搬家，即使我已长大成人，即使我一直在拼命努力，现实仍旧是现实，梦依旧还是梦。

这些年，我好像从来没有对人提起过，我是一个怎么样的人，过着怎么样的生活，经历过什么又有过什么故事。那有什么可说的呢，都不重要。

当你活活被生活折腾得变成另一种模样的时候，你就会知道什么能说，什么只适合在自己的脑袋里想想。在我的七岁到十六岁，我从未真正地留住任何人。

写下这篇文字的时候，正值秋天，我二十三岁。

我住在南方，和朋友合租。她叫妮卡，我叫莫里斯。我们，养了一只猫，叫南方。

无与伦比，为杰沉沦

经常会有人问我："你最喜欢的偶像是谁？"

"喜欢的可多了，可要说起来，还非得是周杰伦莫属。"

是啊，这是我喜欢他的第十四年了。从最初喜欢他的歌到喜欢他的人品，到现在喜欢他的奋斗历程和整个人生传奇，更多的变成了精神上的仰慕和钦佩。而正是这些喜欢，陪我走过了初、高中，大学的生活。

年少时做过很多疯狂的事，说出来真是满满的回忆啊。

那时的文具盒上贴满了他的贴纸照片，书包上挂着他的卡通形象，平时喜欢拿小本本把他的歌词一首首抄下来，我甚至着迷到考试的时候会在试卷上写他的歌词，上自习课的时候和同桌一人一边耳机偷偷听他的歌，托各种关系努力收集他的专辑、海报。

记得初三那年临近暑假，在上海有他的演唱会。和好朋友商量了一下，我也不知道哪里来的勇气，竟然逃学去看他的演唱会。两千多公里的路程，还没有直达的高铁，我们坐了两天一夜的火车。那是我们第一次到上海，人生地不熟，两个小女生左顾右盼，也不认识路，心里自然是有些恐惧的。可很大一部分的心情是好开心、好兴奋，那种说走就走的勇气，那种不顾一切的心情，到现在都值得回味。

还有一年是西安站的演唱会，演唱会中途突然下起了小雨，然后变成了中雨、大雨，可是大家没有一个离开座位去躲雨，都在雨里守着、听着不肯离去。周杰伦就继续在台上唱着、跳着、呐喊着。那一刻，整个现场变成了一片粉色的海洋，我像一条深海里的鱼，尽情地遨游着、享受着。

我还记得读高一那年很是流行在校服上涂鸦，于是我偷偷在校服的袖子空白处画满了杰伦，还写着什么“我爱你周杰伦”，然后画了颗小红心在旁边。后来校容校貌检查时，我被学生会逮个正着，还因此被带到政教处接受严厉批评和处分。

读高二那年，学校的小卖部有买汽水抽演唱会签名海报的活动，我一口气买了七十六罐雪碧，搬回宿舍都能摆成一个大大的“JAY”。后来请自己宿舍的、隔壁宿舍的女生一起喝，人手几罐，一个个喝到吐，可遗憾的是也没能抽到啥幸运。心理阴影倒是落下一大片，从此再也不敢碰雪碧。

这十四年里，应该是追了九场演唱会。每一场都力所能及地去靠近他所在的位置。最近的一场是2016年11月26日的“最强地表”嘉兴站。我拉着闺密，拿着荧光棒去听我最喜欢的周杰伦的演唱会。那是闺密第一次看演唱会，也是她第一次深刻理解我为什么这么痴迷于看演唱会。

值得骄傲的是，这些年我收集的所有关于他的专辑海报，去看的每一场演唱会，买的每一件周边产品，都是依靠自己的努力换来的，并没有向父母伸手要过钱。我读初中时就开始向杂志社供稿，周末或假期去书店做兼职。读大学时为《女友》杂志写专栏，平时接一些商业策划，偶尔和朋友一起做做其他项目。读大二时开始利用自己的摄影技术给同学朋友拍写真。这些利用课余时间去完成的事情不仅能让我的生活变得充实，还能提升自己多方面的实力，并且能获得一定的金钱酬劳。

这种对周杰伦理直气壮的喜欢，不但没有被父母责骂，反而获得了他们精神上的支持。喜欢的人在这么努力地奔跑着，他就像闪闪发光的梦想，我怎么能停止追随？我有什么理由不在自己的追梦道路上努力呢？我也要努力变成更好的人才行。追星并不像大家说的那么不好，并不是什么坏事，好坏仅仅在于你追星的心态与方式正确与否。

我在2015年9月28日写过这样一条微博：“你不会明白，周杰伦三个字，是我们年轻时的荷尔蒙，放学路上的夕阳，篮球场边等候的男孩，阴郁和晴天，懵懂和勇敢，开花的树，无边的班级清洁区，满分的作文，草稿纸上的歌词，深藏心底的情书。在听《半岛铁盒》。”

大概，这便是我十多年青春的概括，也是我满满的回忆。我想，喜欢杰伦这件事，远远不只是在青春时期，而是一辈子。即使现在的我，二十六七岁，每天都在为理想、为生活奔波忙碌着，也还是喜欢听他的歌。

以前和闺密拉家常，总是说，以后结婚生子的话，一定得找个和我一样喜欢周杰伦的人才行。他要愿意陪我一起唱周杰伦的歌，一起看他的电影，一起去听他的演唱会。如今早就到了谈婚论嫁的年龄，虽然考虑到各种现实状况，不能再单纯地只以这个为择偶标准，但依旧觉得单眼皮的男生好帅，孝顺的男生好懂事，唱歌好听的男生好迷人，喜欢周杰伦的男生真有品位。毕竟，那是我们青春的标志啊，怎么能轻易忘却那份初衷。

在我眼里，喜欢可能分两种：一种是热烈而张扬的，容易消逝或浊化；一种是沉默而低调的，越是喜欢，越是不舍得宣扬。这种喜欢，持久而纯真。

我喜欢周杰伦，大概是后者。我也知道，其实我们都是十分自私的人，自私得并不想把喜欢的东西与别人分享。就像你珍视的宝藏，你会小心翼翼地藏在心里，害怕被发现、被掠夺，害怕这种喜欢会被分割、被弱化。可偏偏你又矛盾地想让更多人了解他、喜欢他，一同为他高兴、为他感动。因为他值得，值得被珍藏，也值得被分享。

原来，喜欢真的会让人心生矛盾。

如果你有喜欢的偶像，你应该多少也能体会我的这种心情。

后来的我，用自己的力量把这十四年的喜欢拍成了一条四分多钟的短片，致敬这十几年的陪伴和喜欢。当你终于可以有能力去把多年的喜欢用喜欢的方式演绎出来时，真的是一件很奇妙又令人开心的事情。

我是一个不善言辞的人，对一个人表达喜欢的最诚恳的方式大概就是，“我想带你回我的外婆家”。

我的外婆，今年八十四岁。

今晚的月色真美

很久没和母亲通话，前几天状态特别不好。

不敢接电话，也不知道电话接通之后该说些什么话。

昨夜零点左右，母亲发来视频通话，说，不忙的话聊一下。

我没有理由拒绝母亲深夜的请求。

母亲说，你脸色看着不太好，是不是没有好好吃饭。我说，喝了粥，没关系的。母亲让我别熬夜，我说最近有好好睡觉。母亲说，换季了，注意身体，别感冒。我说，有多加衣服。在聊了一会儿之后，话题最终还是不例外地聊到了归宿的问题。

母亲说，闺女，不是母亲催你，是岁月不饶人。你看，年龄就摆在这里，脸上的皱纹、眼角的鱼尾纹，时时刻刻都提醒着你不年轻了。你不能总一直逃避，总有一天你要去正视、去面对这个问题 。

母亲一辈子不图你大富大贵挣多少钱，就是想看到你能安定下来，稳定幸福地生活。母亲老了，总不能一直操心你，该有人来照顾你了。

我点头，使劲点头的那种。母亲说的都对，真的没有任何理由可以反驳，不是吗？我对母亲说，忘了收上午晾晒的床单，要到楼道栏杆处去取。母亲说，那你忙完早点睡觉。我挂了电话。

从楼道处的窗户望出去，能看到月亮挂在暗蓝暗蓝的天空。它被一层薄薄的云层遮住，露出一半的脸颊。月光若有似无地洒在这寂静的夜里，一丝丝银白色的光穿透玻璃，温柔地照在清水洗净的脸庞上。忽然想起在哪里看到过这么一段话：“难过的时候想变成鳄鱼，厌世的时候想变成臭鼬，睡觉的时候想变成考拉，沉思的时候想变成蓝鲸。只有在理解并享受某个黄昏，看着火烧云出神的时候，才想偶尔变成人。”在这春天的夜里，我忽然特别想李其。

李其在三年前和我分手，是我提的分手。我们互不埋怨，好聚好散。

我们在四月的春天，选择了一个名为加尔南格的城市进行最后一次的旅行。我们凌晨到达，放下行李，坐在陌生旅馆的窗前，这个时刻特别适合思考。这里特别安静，安静得不像人间。那些暂时停留在此地的旅人们都睡着了吧。他们带着各自的目的来到这里，停留在这里，又将从这里去向别处，没有人问为什么，就像我们安静地进行分开前的最后一次旅行。

凌晨的加尔南格太美了，发着幽蓝幽蓝的光。远处的小森林披着一层淡淡的月光，许多萤火虫就在漆黑的夜里跳舞。仔细听，远处还有萨克斯声传来，曲调舒缓，意境美妙，让人禁不住想要穿上舞鞋跳一支舞。

李其说：“由迦，如果三年以后你未嫁我未娶，我们能不能再一次回到这里？”

旅馆房间有一块很大的透明玻璃，就像我们上次住的地方一样。我盯着天上的圆月久久地看着，侧耳倾听着来自遥远的风声，我轻轻地扯了扯李其的手，说：“李其，今晚的月色真美。”

那一晚，李其从背后轻轻地抱着我，沉重的呼吸打在我耳旁，熟悉如往常。房间里用透明玻璃杯做花瓶水养的百合，在夜里发出淡淡的清香，海蓝色的床单也发出好闻的味道。

很多时候，我是怀念那个夜晚的，比任何一个和他在一起的夜晚都要想念。也许是因为从那以后，我再也没有被像李其那样温柔的胸膛拥抱着入眠过。

说到李其，他还真的是个难得的温柔的人。

遇见李其的那年，是在夏天企图“谋杀”我的时候，我去了北方那个占祖国面积八分之一的地方。

路途很遥远，大概是四天三夜的车程。我们所熟知的小说和电影里的奇妙旅途，往往都是从一辆绿皮火车开始的。乘绿皮火车旅行，即使上车后车厢就像沙丁鱼罐头一样咣当咣当地摇摇晃晃，你也不会错过沿途的任何风景。经过几天奔波，在列车广播刚好放出陈绮贞的《旅行的意义》时，我好像看到了远方的草原。一个人北上去听陈绮贞的演唱会，从天黑上车，到另一个天黑下车，陌生的口音和风景，听在耳里、看在眼里都觉得有趣。

在她唱第一首歌的时候开心地落泪，似乎所有长途跋涉带来的疲惫，在那一瞬间消失全无。

李其就在那个时候给我递了一张纸巾，说：“喏，鼻涕出来了。”

我看着这个陌生的男孩，忽然“扑哧”一声笑了出来。

如果说旅行能让人遇到另一个自己，在那一次北上中大概就如此真实地发生在我身上。

李其就出生在那个占了祖国面积八分之一的北方城市，一个离我出生的南方十分遥远的地方。他的家乡有着让人引以为豪的辽阔草原，青的草、蓝的天、自由的牛羊，在炎夏的七八月，总会有很多很多人慕名前去参观游玩。游牧民族的生活也因此一年年逐渐地被了解和熟知。后来的他们，一路迁徙，从草原到城市。李其说："城市生活久了，总会怀念那一大片草原。"李其性格里的豪爽大方，大概也和生养他的那一方水土有关。

李其是个特别简单的人，喜欢的也都是简简单单的东西。比如，他总是穿着素色的衣裳，总是留着短短的头发。比如他喜欢的东西似乎只有篮球、吉他、陈绮贞和我。李其笑起来的时候，特别像个孩子，满足、可爱。

和李其在一起的时候，大概是这么久以来我谈过的最舒服的恋爱。他了解我的性格，包容我的缺点和任性，认同我的能力，赞成我想做的事。在很大程度上，他是我强有力的支撑。所以和他谈恋爱，我的智商一路在降低，大概就是所谓的"恋爱中的女人智商都为零"。

李其喜欢樱木花道，喜欢他那股不服输的韧劲儿。而我喜欢流川枫，喜欢他帅帅的、酷酷的劲儿。李其说："那我们天生是死对头，怎么还谈起了恋爱？"我说："不是冤家不聚头。"后来他参加过好几次高校联赛，都拿了最佳投手，奖牌都给我保管，沉甸甸的。

李其弹吉他的时候，侧脸带着淡淡的忧郁。他拨弦的动作，他抬眼的瞬间，他开口歌唱的样子，总是迷人的。我想，李其大概就是我心中的百分百男孩，我喜欢的样子他都有。

李其喜欢在喝醉酒的时候给我打电话，喜欢在深夜看电影的时候搂着我用胡子楂扎我的脸，喜欢给我买很多很多好吃的水果，喜欢带我去看动漫展和画展，喜欢带我穿梭于各个城市去看陈绮贞的演唱会，喜欢在窗台对着深夜发呆，喜欢抱着我入睡，喜欢我叫他的名字。李其喜欢的那么多，每一个里面都有我。那几年，李其的岁月里，我大概是最大的赢家。

可就是这样百分百难得的缘分，在毕业的时候戛然而止。

李其要回家乡发展，他割舍不下那一片草原。而我要回南方，回到那整个梅雨季节都会阴雨绵绵的多情的江南。他问我："由迦，你能不能跟我回家？"那天他正给我吹头发，吹风机呼呼的声音混杂着夏天的蝉鸣声。我脑袋里嗡嗡地乱作一团，把脸埋在头发里，低着头背对着他摇摇头。

我多想毫不犹豫地答应他，跟他回家，做那个随他远去的女孩。但我不能。我从未想过我会在那样一个陌生的地方生活、工作、恋爱、结婚生子，过完我的一生。我从未在一个如此遥远的北方，描绘过任何一片蓝图。我爱李其，比以往交往的任何男孩都爱。可这份恋爱，已经无法单纯地只是相互喜欢着对方就够了，这里面掺杂了太多的现实因素，变成了一份需要彼此权衡的爱情。我想为他做出牺牲，但我牺牲不了自己。

所以在第二天，李其给我们俩买了远行的票，目的地是加尔南格。

我们在这座城市待了三天，每天都很知足。我们白天逛小镇，买手工艺品，晚上看表演、逛夜市。再晚一些，李其在屋顶听歌，兴致来的时候，我会在一旁跳上那么一曲。李其喝醉了，搂着我说，他多么多么爱我。我靠着他的肩膀说："我都知道。"

透过旅馆的窗子，能感受到这个小镇黎明到来前的清凉，看到傍晚街巷稀疏的灯火。苍茫的夜色里，远处山峦的线条也依稀可见。遥远的暗蓝色的夜空上，散落着星辰。

回来的两张机票，是分开的。他回北方，我回南方。

在机场的时候，李其说："由迦，我最后一次抱抱你。"我轻轻地靠向他怀里，他紧紧地用双手环住我，似乎想把我圈进身体。我无力抗拒他的每一分用力，我任他拥抱任他说着想念的话。我知道，自此之后，我们也许再也没有机会再相见。

看着李其走远的背影，我心里仿佛下了一场漫天大雨。

我们没有说再见，那意味着我们都渴望着再见。我们好聚好散。

后来我辗转去了很多个城市，遇见了很多不一样的人，也发生过许多故事，爱过一些人。可我从未长久地停留在某一地，也没留住任何一段关系。我不知道李其过得怎么样，身边有没有其他女孩出现，他会不会偶尔想起我。我们就任由时间在彼此的身上流淌，带来一些什么，也带走一些什么。

李其送给我一个他自己打磨的戒指，金灿灿的，款式简单。我把它从左手中指戴到了食指，从没摘下来过。我丢掉了很多东西，唯独一直留着它。那是李其在最后的旅行分开前送给我的，我的二十二岁生日礼物——情侣对戒。他说："如果你能等我，等三年，我就回来找你。"

我没有等他，可就是不想摘下它。是不是很多人都这么贪心地怀念着那些已经远去的爱。如果有一个人，在你的生命里活成了印记，不要去遗忘，因为他是你曾热烈存在过的痕迹。

春天，玉兰开了又开，桃李樱杏都在时间上刻下了印记，一年又一年，春去夏来。我最终还是躲在了温暖的江南水乡，即使我仍旧单身一人，即使我仍旧常常对着月亮发呆，即使我仍旧期待他能给我打一通电话发一则消息，即使我仍在看着日历数着日子等着三年期限来临，也从未有勇气告诉他，有关于我生活的任何一个字。

这种不敢，在四月尤其残忍地折磨着我。

遇见是在四月，分开也是在四月，想念还是在四月。

“凌晨四点钟，我看见海棠花未眠。总觉得这时，你应该在我身边。”

凌晨四点的月色那么美，我总觉得这时，他应该在我身边。

李其，我特别想念加尔南格的夜晚，就像我特别想念你的每一分每一秒。

很想知道，你过得好吗？

但请不要告诉我答案。

再爱也别回头

“别说了，我会马上删掉你。”

在2016年情人节这天，阿壹收到这样的简讯，这条消息来自徐铭生。

她突然觉得好讽刺。在这样的一个节日，收到这样的一份“礼物”。

她什么也没说，回了一个“好”字，然后默默地把关于两个人的种种也都删掉了。

其实，阿壹从来没想过，她和徐铭声会以这样的方式结束。

在情人节前夕，他们吵了一架。一夜之间，徐铭生爆发了。他说了很多令人伤心的话，翻了很多旧账，仿佛把内心积压的郁闷一下子全都爆发出来了。

可在阿壹眼里，他计较的事情都是可有可无的。这些不都是情侣之间处于磨合期而不该计较的方方面面吗，可他却算得如此清楚。她压根没力气去辨别什么对与错，也没心情去想往后该怎么办。所以，在夏天就要结束的时候，她接受了他这样的告别方式，彼此说了再见。

阿壹沉默了好一会儿，拿起手机敲敲写写又全部删掉，反反复复。

最后她给徐铭生打了一个电话，她在电话里对徐铭生说："原来在这份爱情里，我永远都只能当一个成熟、稳重又懂事的大人。我不能有任何一丝任性和赌气，因为你会比我更任性、更赌气，你永远是等着我去讲和的那个人。我只想要一个拥抱，为什么你一定要给我一脸冷漠？"

他又开始一股脑地倒出不满。

似乎每说一句都带着一种质问："你不知道你错了？"

阿壹不想再说其他的话，只问了他一个问题："你分手，是因为生气还是怀疑，还是不爱？"

他说："都是。"

阿壹回："好，那分手吧。"

阿壹不记得那一刻自己是什么表情，就是觉得很可笑，控制不住地想冷笑一下。

原以为苦苦寻觅的爱情，有始无终也就罢了，最后竟落得一个这样的答案。

想起来，的确是挺可笑的吧。

阿壹认识徐铭生的时候是在五月，那个五月的南方出奇地热。

她吹着空调窝在被子里，享受着书里的真真假假，耳机里放着Clean Bandit（英国电音乐队“清洁盗贼”）的歌***Rather Be***《宁愿》。她无意间翻杂志，被一篇文章吸引了。她像是发现了新大陆一般兴奋，认认真真地读着，心跳竟然开始加速。读完文章，她开始辗转多处去搜索这个作者的作品。一个下午的时间，她独自沉浸在这个陌生人营造的文字国度里。

但一开始，她没有打算去打扰或是发出一声赞叹和欣赏，而是安安静静地远观着这个遥远的陌生人。

自那之后不记得是多久，她突然想和他说说话，只是想说说话而已。

所以阿壹鼓起勇气给他发了信息。意外的是，他回复她了。

如果需要用一个词形容阿壹那一刻的心情的话，可能没办法找到适合的词。

后来他们加了微信好友，像朋友一样，有的没的都聊聊。有时候俩人一聊起来根本就停不下来。他远比她想象中要亲近很多。她也比他想象中要温柔很多。

阿壹不知道，徐铭生对她的感觉是什么样的，她也不敢问。那种内心泛起的轻轻浅浅的喜欢，就像少女心中的暗恋一般偷偷掩藏着。直到某天她鼓起勇气说出了那句“我喜欢你”，而他也给了她一样的肯定的回答。

就这么顺风顺水地从陌生人到恋人，阿壹也曾怀疑过这不太现实，她也想过这会不会就是一场梦。可比起眼前的幸福来，她宁愿不要去怀疑这份爱。但其实她忘记了一点，她对徐铭生的了解仅存在于那些文字中。即使后来两人认识的日子越来越长，她对他还是有着诸多不了解的方面。

可天真的阿壹觉得，时间长着呢，有些事情又不着急在一两天里完成。

刚决定交往的时候，徐铭生对阿壹很好，好到阿壹绝对想不到两个人会出现任何矛盾。但徐铭生的占有欲太强了，强到让人窒息。他对她的很多细节都抱着一丝怀疑态度，甚至对阿壹偶尔回微信的动作慢了，都会让他觉得阿壹有什么在隐瞒着他。那份疑心越来越大，大到足够可以慢慢地疏远他们之间的关系。

后来的徐铭生，阿壹越来越不懂了。

他计较的很多事都是她不曾在意的，他怀疑的方方面面，都是她根本不可能去怀疑的。

争吵的次数越来越多，但是每一次都是她低头讲和。

真累，但阿壹在努力维持着，毕竟遇到一份喜欢，很难得啊。

可时间总是会让一切真相大白的。

情人节前一天晚上的争吵，就像一盆冷水浇灭了阿壹心头唯一一点仅存的火苗。

他受不了了，她也受不了了。

结局出乎意外地平静，阿壹很想哭，但是她没有哭。

她觉得这个世界突然好平静啊，她想安静地睡一觉。

阿壹跟我说，其实这份感情，从头到尾她都输了。

在爱情里，真的是谁爱谁多一点，谁就是失败者。

开始先动心的那一方，注定是输家。

为什么她一定要成熟懂事，不能犯错、不能闹脾气、不能任性，为什么爱和被爱如此不对等，可没有人能告诉她答案。

我不了解徐铭生，但我了解阿壹。

阿壹是一个敢爱敢恨的女人，总是成熟、稳重、懂事，她愿意为他翻山越岭，也愿意为他等个三年五载。

他竟然错失了她。我想这就是所谓的不是合适的人吧。

“你可真是个傻瓜啊。”我笑她。

她反问我：“你会不会爱上一个一无所有但你真的很喜欢的人？”

我回答：“当然会啊。”

她说：“我再也不会了。因为他一无所有，连爱和包容也舍不得给。”

我说：“嗯，可能比起爱你，他更爱自己。”

对于阿壹和徐铭生的感情，说不上谁对谁错，或许也不存在对错，只能说双方不适合。

感情这种东西，很简单又很复杂，是甜是苦都只能自己体会，别人也不好说什么。

阿壹和我讲起这段感情的那个夜晚，杭州正下着很大很大的雨。风从窗户吹进来，有点冷。我关上窗，熄了灯，轻轻地抱着她。她散着头发，像个孩子一样睡着了。她的呼吸，轻轻的，像这个夏天最后的一道微风。

阿壹在得到答案的那一刻，究竟有没有哭，我忘了，但那已经不重要了。

重要的是，阿壹现在过得很好，能吃，能喝，能睡。

阿壹还是阿壹，敢爱敢恨的阿壹。

徐铭生永远都不会知道，阿壹爱他的那段岁月，连炎夏都温柔得不像话。

梅青的雨

苏萌回到小学校园时，碰到了王毅。她是王毅从小学到初、高中时暗恋的对象，而王毅现在是这个学校的校长。

苏萌牵着孩子的手忽然紧了一下，没办法避开，只好硬着头皮打招呼。王毅笑得很灿烂，说："孩子都这么大啦？"苏萌说："是啊，大学一毕业就早早结婚生子了，不像你，现在功成名就成了校长却还单着。"

王毅摇头说："你可别笑话我，不就是个小学校长，你当初要想当，努力努力肯定也行的。"苏萌没继续搭话，说："有事先走了。"

苏萌牵着孩子的手走进了一年级老师的办公室，找闺密李斯办转学手续。当初李斯建议苏萌直接请王毅吃顿饭，就啥事都好办了。但苏萌没有。或许，她如果当初没有无视他的感情，没有残忍地伤害他，至今她就不会觉得见面那么尴尬。但这现实中赤裸裸的人情交易，也是她极其不愿意面对的事情。

可是没办法，孩子的户口不在本地，没户口就没办法上学，想暂时转到这边读一两个学期也成了问题。苏萌只能找关系了，所以就来找李斯了。李斯并没怨言，毕竟比起苏萌受的苦，她这点小忙都不算什么事儿。

苏萌命还真苦，好不容易遇到喜欢的人，大学毕业就结了婚。可日子还没过几年，就离了婚。离婚彻底脱掉全职家庭主妇这个身份后，她急需找一份能养活自己和孩子的工作。但在广州，想做到这点，太难了。毕竟她并不是什么新一类人才，而是完全脱离了社会的中年妇女。最后，她托朋友的关系进了一家保险公司工作，跑业务。这份新工作，她每天早上要六点起床洗漱，再坐一个半小时的地铁去上班，晚上九点多下班，偶尔加班会加到凌晨，周末只有一天休息，单休。这种跑业务看提成的工作，没有人催着你，但你要想每个月拿好的业绩多拿点提成奖金，你就得挤时间，要比别人更勤快、更努力。

所以细想一下，她只能狠狠心把孩子送回老家，让爸妈暂时帮忙照顾。

离婚的时候，孩子她爸争取抚养权，但苏萌没给，请律师打了官司，拿到了抚养权。就经济状况来看，孩子她爸有车、有房、有钱，唯一的缺点就是，有钱就容易学坏，孩子才出生三个月，他就去“偷腥”了。忍一次吧，第二次就来了。这几年来断断续续地发生了几回，苏萌实在没办法假装不知道，索性就离了婚。苏萌又不想把孩子交给她爸这样的人，所以决定自己带孩子。

很多人都劝她说，一个女人不容易，更何况是离了婚的三十几岁的女人，还带着一个孩子。这婚离得亏了，怎么也得要个房、要个车，再分点财产。苏萌没想这么多，为孩子争取了抚养费和广州那套三室一厅的房子。对她来说，够了。其他的，她可以再努力自己去挣。

后来李斯问苏萌："后不后悔？"苏萌想了想，还是说"没有"。她怎么都觉得这婚离得对。毕竟强扭的瓜不甜，她不愿意一直隐忍。虽然现在日子看似艰难、实际也艰难，但是总比委屈自己一辈子好。再说，对孩子来说，选择分开也许比相互欺瞒都要好。

所以苏萌咬咬牙离了婚，找了份新工作，还把孩子带回老家让父母暂时帮忙照看一下。

但眼前的问题是，孩子要是入了学，王毅是这所学校的校长，往后似乎总会欠着点人情啥的，想想也是略觉得头大。但她管不了这么多了，走一步算一步吧，路总会有的。虽然她并不知道，这样的日子什么时候才是个头。

梅青的雨又下起来了。

在每年的春天，梅青的三月总是特别多雨。它不像其他地方，春天到来时阳光就会洒满各处。

但梅青的人们，并不觉得这样的春天有什么不好，相反，他们由衷地喜爱着这样的天气。

苏萌也是，对梅青的雨情有独钟。从很小很小的时候，她就被这一丝丝绵长又温柔的雨迷住了。

苏萌缓缓拉开白色的窗纱，看玻璃窗外的雨滴在院子里的玫瑰花苞上。玫瑰花苞连着枝叶一起接受春天的洗礼，一会儿左右摇晃，一会儿向下低头。一朵，两朵，三朵，四朵……每朵花都不例外。这株玫瑰花，是奶奶种的吧。她自很小的时候就记得奶奶是如何喜爱着这些年年春天结苞等到合适季节再盛开的花儿。虽然经历了好多年的四季轮回，奶奶也已经不在这人世间了，但这些花儿却根深蒂固地在院子里繁衍着、盛开着、枯萎着、新生着，一年又一年。

梅青的雨、院子里的玫瑰，陪着苏萌度过了许多年。

门外传来轻轻的敲门声，苏萌说了一声“进来”，女儿穿着一身睡衣走了进来。这个七岁的小女孩啊，长长的头发垂在腰间。苏萌离开凳子，一把把女儿搂进怀里。“妈妈，我想听你读故事。”“好的，妈妈给子子读。”

母女俩就这样坐在雨天的窗边，看着窗外的玫瑰，听着窗外的雨声，唇齿之间发着温暖的声音。

苏萌记得，奶奶以前也是这样给她读故事的。在那些下着雨的清晨，奶奶一边给苏萌梳着小辫子，一边戴着老花眼镜看着桌上的故事书，一字一句地温柔地念给她听。所以，苏萌喜欢雨天，喜欢听雨声，特别是梅青的雨。

梅青地处江南，气候温润、多雨。每每一到春夏，雨就不停地下，隔三岔五地掉入人间。江南水乡的人，大多数被这样的天气孕育出一种温和的脾性，谈吐之间，带着一股淡淡的温柔。苏萌是江南女子，自小就出落得亭亭玉立，举止大方、优雅。

苏萌读初中时，已是学校里数一数二的美少女。少男少女之间的那种情窦初开，像梅青的雨，青涩又缠绵。苏萌就这样悄悄地落入许多人的眼里，其中就包括王毅。

王毅和苏萌在初中同班，高中同校不同班。王毅是学生会主席，也是美术社社长，人长得干干净净，总是带着一副黑框眼镜。他组织学生会的成员们进行各种活动时的样子，和他在画室安静画画的样子，完全不一样。一种是正气凛然，一种是带着淡淡的忧伤。苏萌记得，王毅是一个这样的人。

读高中时，苏萌是美术特长生，偶尔会在画室碰到王毅，王毅也偶尔会给苏萌提提建议，教她如何更好地练习绘图和创作。苏萌天真地以为，这是作为曾经同班同学的情谊的优待。可对于王毅来说，不是这样的。

读初中时，他一眼就喜欢上了温柔善良的苏萌，但小小年纪的他们，对于爱情的理解还不够深刻，只觉得喜欢就是在遇见她时多看一眼，在没遇见时默默地想念着。所以王毅并未为那份年少的情感多做额外的令她有压力的努力，他觉得，总会有机会的。所以，王毅没说，苏萌也不懂。

初中毕业，苏萌选择了进入本校的高中部，只是因为离家近。王毅也选择了本校高中部，可惜两人不同班。但因为两人都是美术特长生，所以十六七岁的王毅，再一次遇见了十六七岁的苏萌。

苏萌问王毅："为什么没有去其他更好的学校？"毕竟以他的成绩无论文化课还是美术课，都遥遥领先于其他人，完全有能力去更好的学校。王毅总是笑笑说："哪里都一样。"可能很久之后，苏萌才知道究竟哪里不一样吧。

苏萌尤其爱画玫瑰，各种姿态、各个时间段、各种颜色的玫瑰。她喜欢坐在院子里画，喜欢透过雨天雾蒙蒙的玻璃画，喜欢在太阳的第一抹阳光洒在花瓣上的时候画，也喜欢在深夜里对着发出淡蓝色光晕的夜色画。王毅喜欢画着玫瑰的苏萌，尤其是她盯着玫瑰看时的眼神，让王毅忍不住在画板上挥动画笔。

少女热爱着玫瑰，少年深爱着少女，仿佛梅青的雨，偏爱落在那三月里。

在十八岁到来之时，王毅鼓起勇气向苏萌表白，在一个阴雨天。他安静地抱着他画过的她，站在她的对面，温柔地说："苏萌，我可不可以喜欢你。"苏萌转头透过画室的玻璃窗，看天上月亮发出的朦朦胧胧的光。她低声地说："对不起。"然后跑出了画室。

苏萌不知道，那天晚上的月亮，其实特别的亮、特别的圆，只是在她看它的那一刻刚好被一层薄薄的云遮住了脸。

自那以后，苏萌再也没正面和王毅打过交道。她有时躲他，有时无视他，有时回绝他。苏萌觉得，这是对彼此都好的一种方式，因为她还没准备好谈恋爱。她以为用这样的方式就能保全两个人的青春年少，至少当时的她是这么认为的。所以直到高中毕业，她都没有接受王毅的喜欢。

在梅青的梅雨季节过后，她一路南下，来到了广州美术学院。而王毅，去了中央美术学院。

一南一北，再无交集。

苏萌来到广州美术学院的第二年，就碰到了她的前夫程维安。他比她大一届，是学长，小有名气，浑身散发着艺术的气息。她迷上了他，迷上了那个用重重的港腔叫她名字的人。

苏萌终于真切地体会到，当初王毅是如何惦念着她的。她也真真切切地知道，这样远远近近地喜欢一个人，是一件多么幸福又辛苦的事。但苏萌比王毅幸运，她在大三的上学期向他告白时，他接受并拥抱了她。她拥有了她想要的爱情。

两个人以美术交流，以精神和肉体交融，在现实和艺术的交融中碰撞着、摩擦着火花。所以一毕业，苏萌就嫁给了程维安。程维安来自香港，毕业后在香港和广州同时创办了个人美术工作室，拥有一支专业的团队，他们一起努力创作、创业。所以苏萌自认为幸福，认为自己拥有完美的爱情、完美的婚姻、完美的男人。

可苏萌忘记了，艺术是不断地需要激情、需要灵感、需要新的体验和探索来维持生命力的美学。可她结婚后就彻底放弃了这门艺术，当起了全职太太。但程维安仍旧走在艺术的道路上，走在探索的轨道上。所以，在美术上，在男欢女爱上，他都在渴求着激情。而苏萌已经失去了令他持续探索的欲望。当然，这并不是在洗白程维安前后几次的出轨，任何一种出轨和不忠都不值得提倡和宣扬。但事实就是，好日子的确没过几年，苏萌嫁入豪门，最后却落得一身窘迫。

她终于忍无可忍提了离婚。程维安说："孩子给我，其他的条件你提。"

苏萌说："我什么都不要，只要孩子。"

僵局。打官司。

最后苏萌靠着父亲在律师界鼎鼎有名的朋友的关系赢得了这场战斗的胜利，获得了孩子的抚养权，以及广州的那套房产。官司她是赢了，可对于她来说，这场爱情和婚姻她都输得很彻底。

所以她怀疑自己到底懂不懂爱，到底值不值得被爱。

每每这个时候，她就会想起王毅对她说过的那句话："苏萌，我可不可以喜欢你。"

王毅去北京读书之后，专心钻研绘画艺术，取得了不小的成就，在北京和乌克兰都办过个人画展。

可偏偏这样一个在美术界叱咤风云的男子，在这些年里没有谈过任何恋爱。别人都以为，他并不是不近女色、不懂男欢女爱，只是太专注于美学，太渴望功成名就。可没人懂得，在那六七年的光阴里，他每一天都渴望拥有爱情。没人懂得，他曾在多少个失眠的夜晚，望着她的一沓沓画像长久地发呆。这份年少爱而不得的感情，才是他永久创作的源泉。在他乌克兰和北京的画展的展厅中央，盛开的正是一朵妖娆艳丽的蓝色玫瑰。

王毅长情，长情到困住自己。他知道，她从未接受过他，也从未正视过他，这一切不过是他一个人的漫漫长跑。他看不到尽头，也不想要终点。他享受这份孤独，享受这种孤独里带来的精神刺激。

这种执迷，接近病态。

后来，他真的病了。

在一次辗转难眠的夜里，他想喝酒，喝很多很多酒；想抽烟，抽很多很多烟。所以他在寂静无人的夜色里，一个人喝醉在北京的环线马路上。意外发生得太快，那一晚，他被撞到五米开外。他醒来的时候，头部和右手都缠着厚厚的绷带。医生说，能活下来，是他福大命大。围在一旁的父母和老师同学，都哭成了泪人。他转动着眼睛，想说“我没事”。真的没事，可他虚弱到发不出声音。

他觉得难过，好难过。那种难过把他勒得紧紧的。可奇怪的是，他又不知道他难过的究竟是什么。

幸运的是，他并无生命危险，身体恢复得也不错。不幸的是，他右手神经被撞坏，从此再也没办法画画。所以这到底是幸还是不幸，他不知道。他看着医院窗外的花簇，在阴天、雨天、晴天、多云天气里变幻莫测，看着它们一天天地尽情释放美丽、尽情地耗尽生命的周期。

他突然特别坦然，突然特别想念梅青的雨，特别特别地想。

后来，他好起来了，也毕业了。他没有留在北京，也没有去其他地方。他背着行囊，回到了梅青，在一个下雨的午后。

他在自家的后院里，建了一片玫瑰园，种满了玫瑰，粉的、红的、黄的、白的，独独没有蓝的。

他等啊，等梅青的雨，等梅青的她。

梅青的雨，涩涩的，苦苦的，一下就十几年。

他就这么一个人在梅青等着她。

又过了几年，当梅青的雨再次下起来的时候，他终于再次遇到了苏萌。

正如开头那样，在那所小学校园，苏萌牵着孩子的手出现在他面前。

苏萌打招呼的语气，淡淡的，不带其他情绪，熟悉又陌生。

王毅没有多想，他也不知道她这些年究竟过得好不好，她究竟还记不记得自己。他只是在见面的那一刹那，由衷地觉得开心，所以笑得很灿烂。

王毅看着苏萌牵着孩子的手一步步走出视线，眼眶竟然开始湿润起来。原来这么多年啊，他始终在惦念着她，那一朵盛开在他心里的玫瑰始终长久地生长着、茁壮地生长着。

忽然想起林宥嘉的那首《背影》，“感谢我不可以住进你的眼睛，所以才能拥抱你的背影。有再多的遗憾用来牢牢记住不完美的所有美丽。感谢我不可以拥抱你的背影，所以才能变成你的背影。躲在安静角落不用你回头看，不用珍惜”。歌词里写的大概就是王毅这样的人。

好一场三月的雨啊，终于盼来了相遇。

苏萌让母亲先把子子接回家，她要和李斯在校园里走走。

李斯和她去初中部转了一圈，又去了田径场、篮球场、食堂、超市，还去了那个经常偷偷爬上去喝酒的天台。苏萌说：“我想一个人去画室看看。”李斯点点头，说：“那你自己慢慢转，要回去时和我说。”苏萌点头。

她清楚地记得去画室的路，她记得画室全天不关门，她记得画室旁边种着一簇花，花丛旁边是一棵老梧桐树。她记得，他就喜欢在梧桐树下画画。她也记得，很多年前的那个晚上，她跑出画室后躲在梧桐树下的心情。

时间能带走很多东西，也能让人淡忘很多人和事，但时间也能叫你慢慢地记起许多丢失在岁月长河里的细枝末节。

但苏萌也清楚地知道，她已不再是曾经的那个少女，他自然也不再是当初的少年。这份年少的情感，就像当初一样，永久地保留在心底就好。所以她不愿意找王毅帮忙，不愿意在她和他之间，欠下一些什么。

母亲打来电话，说家里已经做好了饭菜，让苏萌早点回家。苏萌被拉得很远很远的思绪就这样被扯了回来。她摇摇头，晃了晃，说了句“想什么呢”，就轻轻地走出了画室。

苏萌给李斯打了电话，说：“先回家了，麻烦你多帮忙办孩子转学的事情。”李斯在电话里承诺说：“小事情，放心好了。”苏萌望着这所熟悉又有点陌生的校园，眼角有温热的泪珠掉落。她知道，青春再也回不来了。而这一次回来，也不过是短暂的停留，她终究还是会再次离开这里。

子子穿着淡蓝色的裙子，手里拿着外婆洗好的水果，坐在门口大口大口地吃着，水果的汁水沾得满嘴都是。苏萌忽然开心地笑了，“还好还好，我不是一无所有，我还有子子。”

那个晚上，梅青的雨又下了起来，一会儿大一会儿小，雨滴声也时大时小，噼噼啪啪地敲在玻璃上。苏萌搂着子子躺在床上，她用手轻轻地捋着子子的头发，轻声地给她读着故事，看她的睫毛慢慢闭合，呼吸渐渐均匀，一点点地进入梦乡。苏萌安顿好子子，起身离开床铺坐到窗前，她从床底拉出一个陈旧的木箱，从里面拿出一本画册，上面落了点灰，变得有点脏脏的、旧旧的。

苏萌看着窗外的玫瑰，有一朵被雨打落在地上，只剩枝干摇曳。苏萌打开台灯，深呼吸一下，然后沉重地打开画册。画册的第一页写着："给我的十八岁。"

他站在走廊的样子，他手扶眼镜的样子，他在课上认真记笔记的样子，他在球场上和伙伴玩耍的样子，他组织学生会成员检查卫生的样子，他一个人在画室画画的样子，他在梧桐树下画画的样子，他看着窗外月亮发呆的样子，他盯着她不说话的样子……

《给我的十八岁》，全都是王毅。

可遗憾的是，她的十八岁，成了一个遗憾。而这个遗憾，是她亲手造成的。

时间是个坏人，总是安排在错的时间遇到对的人。

而兜兜转转之后，你还是会怀念遇到的第一个人。

苏萌把画册一页一页撕下来，从包包里拿出打火机，一页页地烧掉了这些画像。

火苗越来越大，将这些称之为青春、回忆、初恋的东西统统烧尽。火红的光，印满了玻璃，透过那层火红的光，苏萌能看到，梅青的雨越来越大，又一朵玫瑰被雨打落了。

苏萌不想再多了解王毅一点，也不想再靠近一步，她不想让王毅知道任何一点关于这份情感的信息，她甚至不能让他感受到她曾对他怀有的一丝丝情谊。因为她错过了他，也曾拥有别人，现在她想要的不是再一次靠近然后受伤，她也不想伤害任何人，她只想照顾好子子，让她健康成长。

在见到王毅的第三天后，苏萌就拜托父母和李斯负责孩子转学的事，然后自己乘坐深夜的航班返回了广州。

在机场，苏萌接到一个陌生号码的来电，她知道，应该是王毅打来的。

王毅在电话里直截了当地问她，“苏萌，我可不可以继续喜欢你？”

这句话，和十几年前的一样。同样的人，同样的问话，不一样的心情。

苏萌沉默了一会儿说：“你何必在机场等一艘船呢。王毅，再见了。”然后拉着行李箱头也不回地走了。

不知道，那一晚梅青有没有下起雨，也不知道那一刻，苏萌有没有哭。

唯一能确定的是，王毅就这样再一次看着苏萌的背影越走越远，可他始终没有叫停她。

后来，我们谁也不知道故事怎么发展，子子有没有快乐地在那个新学校学习、生活着，苏萌的新工作做得怎么样，有没有很辛苦、很勉强，王毅有没有继续等苏萌接受他。我们只看到，王毅的花园里，盛开了一簇蓝色的玫瑰；我们只看到，苏萌在很多个睡不着的夜晚，又重新拿起画笔，一个人坐在窗边画着什么。

梅青的雨，缠缠绵绵，总舍不得停。

院子里的玫瑰，花开花败，一年又一年，从未死去。

而那些错过的人啊，总是兜兜转转着，相遇又离开。

如果当时，我们能不那么倔强，现在也不会感觉那么遗憾。

这些年，你有没有后悔过？

再忆已无少年

昨夜落地杭州，整理好一堆行李，洗漱完毕已接近凌晨两点半。

躺在床上，听着窗外时隐时现的汽笛声，我想，这一次真的不走了，搬家太辛苦。

睁开眼睛的时候，大概是清晨七点半。

看了一眼手机，关于高考的相关信息接连不断地涌进来。

关掉手机，闭上眼睛，虔诚地默默祝福。

再次醒来的时候，我在微博转发了一段有关高考的视频。有人在这条微博下评论说，好想知道你当年的作文题目是什么，又写了什么内容。我想了很久，实在不记得细节了。可以肯定的是，我应该写了“周杰伦”三个字。

距离高中毕业，已经是第五个年头。

如果说我仍清晰地记得高中生活所有的细节，仍未忘记任何一个画面，那不太可能。

我依旧记得的是记忆里的高中校园永远都是红砖白墙，校园里的跑道上永远有奔跑的身影，凉亭里读书的同学永远三五成群。而篮球场上的投篮声，足球场上的欢呼声，教室里的朗朗读书声，永远会在每天响起。

我也记得，读高中时那个曾热烈爱过也深深遗憾过的自己。

他来自另一个城市，穿着整洁的白衬衫，一头干净帅气的短发。我最喜欢的，还是他笑起来的样子，像春天里的风，舒服、温柔。

记得他第一次站在讲台上，有些腼腆又有些紧张地做自我介绍时，坐在底下的同学憋着笑，热烈地鼓着掌。我抬眼望向讲台，那一刻好像有什么住进了眼睛，再也走不掉。

他有一个温柔的名字，叫景勋。

第一次大声念他的名字，是叫他背诵课文《沁园春·雪》。

他轻轻站起来，双手合上书，闭着眼一字一句地背着，认真的样子，很有味道，迷人极了。

他的字，写得真漂亮。自从班主任发现了这一点后，我和他就成了班主任的抄写搭档，常常在自习课的空隙帮他处理班级事务，而我心里有一些开心，因为那一刻，在那个办公室里，只有我和他两个人。

每天的下午五点后，他总会去画室，而我会去校广播站。

记得曾在某个午后，我傻乎乎地笑着问他："你有什么梦想吗？"

他说："我这辈子啊，就想去一个无人打扰的小岛，在日落月升之时，在潮起潮落之时，在任何一种好的、坏的天气里，安安静静地画画。我不知道，那是一种怎么样的梦想，只是觉得好遥远。"

他反问我："你呢？"

我说："游遍人间百态，在文字和声音的世界里孤独老去，这就是我的梦想。"

他微笑着说："都会实现的。"

那一刻，他眼里有光闪现，比夜晚的月光都要皎洁、温柔。

我清楚地记得，深深喜欢上他，是在读高一那年的暑假。

那是他第一次邀请我，和他去旅行，去有海的地方。

我抑制住内心的喜悦，轻轻地答应着，却默默地在心里狂笑了上百遍。他不知道，那一刻我有多开心。

那座岛距离我们的城市有一千多公里，要坐很久很久的火车。

我们坐的是最便宜的绿皮火车。

他是个心思细腻的南方男孩，行李箱里塞满了供路上解闷的书籍、随身听等小物件，还有我喜欢吃的零食。

路上的他，看远山，望江河，看书，听歌，偶尔讲冷笑话，每一刻都温柔无比。我在素描本里，悄悄画下这样那样的他，旁边写着那天的具体时间。我害怕，某一天我会忘记当时的心情。

抵达那座岛的时间是凌晨四点，我们并没有住进旅馆，而是拖着行李去了海边。

凌晨四点的海，被风轻轻地叫醒，开始一波一波地涌浪。远处的山逐渐露出身形，橙色的光晕慢慢地挂在天边。我们就这样靠在一起，任海风拂过脸庞，十分清凉。我们认真地注视着远方，看着那抹橙色的光铺天盖地而来，耳边传来海鸟清脆的叫声。那是我第一次看日出，在刚懂得爱情的年纪，和喜欢的那个人在一起。

那几天里，他画了很多海景，热情的、冷静的、喧闹的、孤独的。每一片海，都像他的眼睛。

我很想为他写一些诗，有山，有海，还有我最真诚的深情。

旅程结束得很快，他要直接从海岛去别的地方继续旅行，而我要和他分开往家的方向走。

坐上火车的时候，心里觉得很孤独，我不敢去看他的眼睛。

回家途中，我收到他的短信：“以后的每一片海，都想和你一起去感受。”

我控制不住自己，“哇”的一声哭了出来。我知道，那是爱情。

到了高二上学期，他已经长到了一米七八左右，除了会画画，他还学会了游泳。我们在周末的时候，会去书店看书，也会去唱歌。可最经常做的事，还是我静静地看着他画画，在老房子旁，在低云远山处，在花红草绿时。

似乎所有的青春爱情，都逃不掉一种难堪。我们无法摆脱学生身份正面地去接受这份感情，必须小心翼翼地守护好。而大多数时候，结局都是坏的。

读高三的时候，他告诉我，他要转学回他的城市了。那是我喜欢他的第二年，那是我想和他约定考同一所大学的一年。

我没有能力去挽留他，因为我无法为了他转学。分别的时候，他说，我千万别再一个人四处跑，他会担心。我说好。他说，我可以给他写信，就算只有几个字也好。我说好。他说，我要加油，因为我说过想去中国传媒大学。我说好。他说，他想再抱抱我。我说好。

那天放学后，他坐上车子离开的时候，我在校广播站，继续放着周杰伦的《半岛铁盒》。

再见他，已是大一暑假，高中同学聚会之时。

他告诉我，他去了上海。而我笑着说，我去了西安。

自此再无交流。

那时我想，如果他告诉我，他还喜欢我，我想我一定立刻拥抱他。但他什么话都没有说，我也是。

再后来，我们读着各自的大学，谈着各自的恋爱。再一次在熟悉的城市碰见，我们会云淡风轻地笑笑说，“好久不见”。

“以后的每一片海，都想和你一起去感受。”这样的话，我是再也不信了。

前不久，他给我发来喜帖，告知婚礼日期，新娘是来自遥远北方的姑娘。

我回拨了个电话，淡淡地说：“祝新婚快乐，但原谅我去不了。”他说：“没关系。”

是啊，没关系，我们早就没关系了。那段深爱过也深深遗憾过的青春，早就没关系了。

现在，我一人食，一人睡，真的挺好。

六月，杭州的天气不太乐观，从窗户望出去，是令人心情压抑的灰。

落地窗外，开始哗啦啦地下起了雨。

你好吗？我很好。

我希望，这是我们最好的结局。

TWO

燃炸，打拼的
青春偏爱颠沛流离

我也曾流浪北京

是夜，和某位深度失眠的先生聊天。

他敲敲打打之后发来一段文字，内容是：

“我如今已经三十好几，没有爱情，孤身一人在这个偌大的北京漂泊。工作稳定，工资不多，月入七八千，勉勉强强维持生活。北漂五年，仍旧是没房没车没什么存款。每天早上六点挤着早高峰的地铁去上班，晚上乘着末班车回到北京狭小的出租屋。生活好像看不见多少希望，看得见的只是每天为了工作而拼尽全力的模样。可是这样的我，依旧过得很惨淡。

“在北京最外围的一圈，勉勉强强租了一个二十平左右的单间，有公用的网络，有电热水器，还有一张一米五宽的床。除了这些生活必备的物品，再多的添置都属于奢侈。所以我并没有给自己的屋子添置多少其他的物品，连一张凳子都没有。一周七天时间，有四天是吃着在路边打包带回的十二块钱一份的外卖，里面通常是饭少菜也不多，大多数在半路的时候已经快冷掉。但我仍旧觉得能吃饱肚子就是一件值得庆幸的事情。

“但也不是说，生活永远就这么无趣地进行着。有些周末还是会偶尔去王府井百货商场或其他商区转转，但基本不会买什么物品，因为就算想买也买不起。所以周末最大的奢侈无非就是去电影院看看电影，再去咖啡馆喝喝咖啡，或者晚上回到家再来点啤酒和炸鸡。可能这就是我凄惨的生活里最放松舒适的时刻吧。”

还没等我看完，他又发来一段：“这种上不上、下不下的日子，想想都觉得挺凄惨，可这就是我目前的生活，真真实实地存在着。想改变，可没有办法。无助，迷茫，总困扰着自己。你说，我该怎么办？”

大概花了几分钟仔细看完这长长的几段话，我敲了一行字发过去：“你是不是觉得很不快乐？”

他给我的回复是：“不快乐。总觉得日子太难熬了，好像也没个奔头，可熬了这么久，又不想这么轻易放弃，也不能放弃。心不甘情不愿啊。”

其实我并不知道该如何去劝一个正处在一个艰难的十字路口的人去做一个较为正确的选择。所以我只能沉默。

他意识到可能自己的话给我造成了困扰，所以给我发了几句“对不起”，说不该拿自己的问题来打扰我。我说：“没关系。”

我花了一些时间，问自己快乐到底是什么，什么样的生活才是值得去追求的。但是我也没有找到答案。所以，我只能把心里最真实的想法告诉他。

我说，我们所有的不快乐，基本上都是我们自行选择的后果。因为付出和收获、等待和拥有，很大程度上其实是因果循环的。

就像当初你完全可以选择留在家乡的小城市成家立业，可以拥有一份相对悠闲稳定的工作，拿着每月三四千的工资。你不需要承担房租，还可以住得舒适，你可以喝想喝的酒、吃想吃的菜，还可以泡想泡的妞。生活悠哉，不存在太多太大的烦恼，说不定现在已经慢慢变成中年油腻大叔的模样，顶着一个大大的啤酒肚，左手环着老婆，右手拉着孩子，和朋友相互道喜恭贺生活的美满了。

可是你没有不是吗？你抛弃这种原本可以轻易得到的安稳生活，只身一人来到北京，来到这个灯红酒绿、车马喧嚣的繁华都市。你不过是想追逐不一样的天空，你只是想看看自己能走到哪一步，你只是想知道，你的能耐有多大，你心中的梦想能不能实现，能不能完成一生的抱负，并求得较为出彩丰盈的人生。

其实这些都没错，拥有理想没有错，选择追求理想更没有错，错就错在，你即便努力，仍旧一事无成；错在即使渴望成功，你却依旧碌碌无为；错在即使看不到希望，你仍旧辛苦地坚持着；错在这种挫败感，让你开始后悔最初的选择和现在的坚持；错在你并不敢肯定自己一路以来努力的过程和付出的青春。

多么可惜啊，这原本是一段心酸的奋斗史，却也只能在失眠的时候和人说起。你是不是总这样觉得，没什么值得和人提起的丰功伟绩，甚至一直活得匆匆忙忙无所作为？

但这就是你自己的选择，没有人会替你承担任何后果。你只能自己去面对，坚持或是放弃，坚持之后、放弃之后会带来一些什么样的结果，都只能自己负责。可是，不管结果怎么样，没有人有资格责怪你。因为他们都是局外人，局外人永远只是看客，没有感同身受，也就无所谓理解，更没有资格指责。

即使人们清醒又麻痹地活着，也免不了痛苦，每个人都有自己的难处和苦楚，在很多时候，我们需要暂时安慰自己、麻痹自己，不去计较得失，不去歌颂得到，不去悲悯失去，只做当下该做的事，只享受现在能享受的生活，只珍惜现在能珍惜的一切。

我总是觉得，这样就够了。我们不能想太多、想太远，不然容易患得患失，变得忧虑不快乐。

你可以变得粗心一点，粗心到不去敏感地生活，粗心到即使天阴淋雨也不觉得难过。可以的话，在失眠的时候再努力安慰一下自己——我已经很棒了。一路走来坚持着追求理想，看到了更多别人看不到的风景，经历了更多别人不曾经历的成长，学会承受更多别人承受不了的苦难和孤独，你已经很棒了。要始终相信自己，相信努力最后一定会有回报，相信明天会更好。

但最好的情况是，能睡着的话尽量去睡，睡不着就喝一些牛奶。不要东想西想、辗转反侧到失眠，然后去想这些即使你通宵未眠也得不出答案的问题。

现在的你，过去的你，都在成长。即使状态不同、选择不同，但你都在努力寻求生命的意义。不过度羡慕他人的生活，也就不会过分责怪自己的人生。我们不要去抱怨，要努力照顾好自己，努力成为一个更好的自己。

发给他这几段长长的文字的时间，大概是在凌晨四点钟。

隔了半个小时，他给我回复说："谢谢。"

他说，"真想不通"，我一个二十几岁的姑娘，怎么明白的东西比自己还多，说起话来头头是道，字里行间淡定极了。虽然都是鸡汤，但这些鸡汤却极其贴心，暖人心脾，让人不得不心甘情愿地喝干了。

我发了个笑哈哈的表情过去，说："你可千万别猜我经历过什么，又懂得了什么，要是把这些都说出来，那可能要写成一本书。"

他也笑，照我的表情挑了一个笑得更夸张的表情。他说，想了想，其实也对，人心嘛，总是贪心又矛盾，来来去去之间总是难以取舍。虽然偶尔还是会觉得，不知道自己最后会做什么选择，又会何去何从，但更多的还是不甘和不舍得。

我说，至于值不值得我就不知道了。这是你的人生，前后左右都是你自己才能衡量清楚利弊的人生，没有人能替你做决定呀。所以，即使我给了你一堆道理，也只能作为参考，做决定的是你，承担后果的也是你。所以呀，兄弟你可得慎重啊。

他给我发了个鼓掌的表情，说“666”。气氛瞬时变得轻松愉快，不枉费我花了一晚上的时间，值得。

聊天的最后，他给我发了两个字——“谢谢”。

他说，这是他最真心的感谢，发自肺腑。

我说，兄弟客气了，都是江湖朋友。毕竟，我也曾流浪北京，所以他说的那些我都懂。

他说：“有空你来北京，我请你吃饭，地点你定，多贵都没关系。”

我说：“好，其实我只想尝尝你说的十二块一份的外卖，再加碗清汤。”

他说：“你别寒碜我啊，你来北京了我肯定得尽一下地主之谊，外卖是不行，全聚德你看中不中？”

我说：“好嘞，就这么说定了。”

我和他，因为同一个问题敞开心扉、彻夜长谈，真是十分难得。所以，可能某些时刻，即使我们不曾留意，但我们极有可能正在路过某个人的全世界。

生活就是这么神奇，它给了我们希望，给了我们喜怒哀乐，给了我们失望无助，但从来都不曾彻彻底底地剥夺我们生的选择和为生而努力的渴望。只要我们再坚持一下、再努力一下，可能生活就能给你带来希望的曙光。

我喜欢具有挑战性和戏剧性的人生，也喜欢在某些深夜，听别人讲不一样的人生。由此，生命有了不一样的触感，让我能更好地生活着、希望着、努力着。

如果这是一种成长，我将会永远感激。

感谢这个失眠的夜晚，感谢这位失眠的先生，感谢我们即使陌生却相互信任。

有的艰难，不一定是食不果腹

下午忙完拍摄工作，我匆忙赶回家，放下机器就赶去和朋友吃饭。

朋友一见到我，全然不顾饭馆那么多人，就开始抱着我大哭。

咋的？这不是来吃饭，是来哭场来了？

我赶紧用我一百来斤的“肥胖躯体”扛住她一百二十来斤的灵魂，往饭店一个绝对隐秘的最佳位置走去。

沉重地挪动几十步以后，我把她往沙发座上一扔，如释重负，然后开始津津有味地点菜。

她一边哭哭啼啼，鼻涕都快出来了，一边骂我没良心不管她。

“你要知道，我早上八点就出门忙活，五点工作结束赶回家，六点多就来和你赴约，我到底有没有良心你自己知道。”说完我倒了杯冰冷的白开水，痛快地喝了一大口。

她忽然不哭也不说话了，从包里拿出一支口红——雅诗兰黛420，就是那款好看的豆沙红。

“怎么，知道我好了？拿来‘孝敬’我的吗？”

“得了吧，我都快气死了。”接着她就给我讲了一个让我听了想骂人的故事。

前几天她过生日，用上个月刚发的工资给自己买了个包，还买了支口红和一身衣服。那天她白天上班，晚上下班和我们这帮朋友聚了聚。晚上回到家，她婆婆发飙了。

“过个生日打扮得跟小妖精一样，涂个口红勾引谁呢，有钱也不知道给家里换换沙发套、买买新被褥什么的。”

她说，她当时就急了，回嘴说：“自己平时好好上班过个生日涂个口红怎么了？晚上出去和朋友吃个饭聚个会怎么了？结婚这一年来不也是自己一直在勤俭持家，一年也就买了这一支口红，怎么了？”

话说君子动口不动手，她婆婆不仅动嘴还动手，说着说着就一把抢过她的包，从包里找到她新买的口红，顺手扔进了满是垃圾的垃圾桶……

她一怒之下推了一下她婆婆。她婆婆趁机添油加醋地跟她老公告状。结果她老公一怒之下要和她离婚。她也一怒之下就跟着她老公去民政局办了离婚手续。

我以为故事到这里就结束了，谁知昨天她老公后悔了，又是哭又是闹，想要复婚。

为什么？我是一脸问号。

所以她才哭，因为她纠结，她不知道这婚是离对了还是离错了，也不知道该不该复婚。

我扒了几口饭菜说："这婚啊，离得好。"

你一个金融管理专业毕业的大学生，不说是名牌大学出身，好歹在大学也算是风云美少女。你可要记得，从大一到大四，追你的人排了多长的队。结果倒好，你偏偏跟工程系的"电脑眼镜男"好了。在我们几个朋友眼里，那个男的就是配不上你。你瞅瞅那眼镜男，天天除了打游戏还是打游戏，抽烟、喝酒，啥优点没有，坏毛病一大堆。就连平时手机没话费了，没衣服穿了，没烟抽了，游戏没钱充值了，都朝你要。你简直跟养了一条寄生虫一样。

再说，大学那会我们就看不过去，好声好气地劝你分，可你偏偏不听我们的意见，就是喜欢他。好了，一毕业你们就结了婚，你父母找关系让你进了银行，好歹也算专业对口，没浪费四年大学时光。可他呢，就在家管理个小超市，也没啥追求，一点不求上进。你倒是不着急，以为婚姻生活就是这样，总会慢慢趋于平淡。过日子嘛，哪能天天轰轰烈烈的。

可你倒是看看你这一路的变化啊，傻不傻啊。你上班挣来的工资，二分之一要拿来贴补家用，二分之一留着逢年过节给双方家长买这买那，自己倒是勒紧裤腰带啥也没添置。你以前可是一身名牌，现在穿着淘宝九十、一百块的衣服也不嫌弃。可抛开这些不谈，你完全是尽心尽力了啊。

可为什么这样的一个女人还要在家里被婆婆指着鼻子骂？她还敢生气扔你口红，她儿子还敢揪着所谓的错误和你离婚？他们凭什么啊？现在离了，又要复婚？他想得倒是挺美的。

你老公估计也是有点自知之明的人，自己没理想、没追求、没本领的，靠着妻子养家糊口，跟个窝囊废一样，你当初瞎了眼跟他，搞不好最后你也会离开。所以在最坏的结果还没出现前，他想极力挽回，也算是给自己的人生一个退路。

但你婆婆就相当过分了啊。你要是同意复婚，那她还会得寸进尺，因为有一就有二。

其实我觉得你们俩最开始就是个错误。你们两个一开始就不是势均力敌的存在，一个太强大，一个太不堪。这种关系在情感天平上本身就不平衡，早晚要往一边倒。这个男人根本就没有保护你的能力，甚至连自保的本事都没有。再说，一个女人，如果一味地委曲求全，为了对方牺牲自己，在他人眼里，她的人生价值也会越来越低。

所以你说你是不是傻，这么稀里糊涂地就牺牲了自己美好的人生。

听我说完，她似懂非懂一愣一愣地点头。

“傻子，离婚好，可千万别复婚。回头调整好状态，重新找个好男人恋爱去，去他娘的狗屁婚姻。”

“那我不复婚了，明天就去收拾东西回娘家。”

其实我也不知道这样对她到底是好还是坏，但我说的就是我真实的想法。

我们赤裸而来，赤裸而去，一切都是生不带来死不带去的身外物，一辈子说长不长，又何必委屈了自己呢。

想起之前拍摄的客户里，有一个这样的姑娘。

她是河南人，21岁就来杭州打工。她工作的公司就在我家隔壁，一家小型实业公司，十几个员工，她是行政。虽然这家公司规模不大，但像大多数企业一样，执行朝九晚五、周末双休制度。

和她不算熟，也没什么过多的交情。只是在电梯里无数次遇到，从初次的面面相觑互不打扰，到后来的点头问好和偶尔短暂地闲聊。有一次她和我聊天，得知我也给人拍照，她正好新婚燕尔，问能不能找我拍照留念。我说，当然可以，然后彼此加了微信。

她肤色偏暗沉，平日总是穿着那几套衣服，十分窘于打扮，也不怎么化妆。在约定拍照的那天，我给她化了橙色系的妆容，头发扎成丸子头，显得精神一些，再配上一套白色的棉布裙，搭上海蓝色的小外套，整体看起来倒是像个温柔的南方姑娘。拍照时，她有些紧张，举止娇羞，神情也有些怯生生的。但遮不住的是她眼神里的温柔和可爱。

照片修好给她以后，我俩便无再多交集。平日彼此忙碌着，偶尔打个照面。我不知道她的婚姻生活是幸福美满还是平平淡淡。

后来听人说，她婚后生了个大胖小子，现今四个多月大了。她丈夫好吃懒做，长期失业不说，还总是抽烟、酗酒、打人。她想，为了孩子，没办法，只能委屈自己，将就着过吧。但她也没能感动丈夫一丝一毫，糟糕的日子越过越难熬。某一天她实在熬不过去，想用自杀结束自己年轻的生命。

她关闭了所有的门窗，打开液化气，想用煤气自杀。幸好她那不中用的丈夫喝完酒回家发现不对劲，及时拨打了120，帮她拣回一条命。

她说，当时真傻真自私，只顾着自己解脱，没想她走了以后孩子该怎么办。后来她丈夫又变本加厉地毒打她。她终于忍无可忍，离了婚，带着孩子回了娘家。

我和一个朋友说起过她。朋友说，这也怪不了任何人，每个人都在用自己的方式生活着。但她其实很可怜，小地方的姑娘来到大城市奋斗，年纪轻轻没什么社会阅历，偶尔遇到喜欢自己的人，就以为碰到了一生的幸福。她们缺乏对生活真相的辨识能力，所以常常受伤害。而且，她们一般都比较怯懦，面对生活的窘境，没有勇气去突破常规，更没有信心去屏蔽掉外人的眼光，给自己一条更好的生路，所以就一步一步把自己逼上了绝路。

有时候觉得生活真难啊，家家都有一本难念的经。每个人在这个社会的角色不同，选择的道路也就不同。而有的人一生都一帆风顺，有的人则历经诸多坎坷。而有些人最终能抵达幸福的终点，有的人则半路跌倒再也爬不起来。可是我们不能埋怨上帝的不公，也不能祈求别人的理解和感同身受，我们只能一个人做出选择并去面对、承担最终的结果。

可有的艰难，又不一定是食不果腹，还可能是没有尊严、没有希望。这种艰难，就像一只鸟儿，拥有翅膀，却失去了飞翔的渴望，从此再也无法拥有蓝天、白云和所谓的自由。

所以，我们要改变啊，要对未来充满希望，要在心里保留一束光。

秋北

她右边嘴角处有颗痣，笑起来有两个小酒窝，特别好看。她最喜欢看村上春树的小说。她喜欢白百合和热拿铁。她的衣服都是宽宽大大的。她习惯唱着歌游走在城市的夜空下。她不知不觉爱上了一个人。

她叫秋北，秋天的秋，北方的北。

2011年4月，我和同寝室的陈笑一起去了一趟北京，起初是因为临近毕业，准备实习，所以怀着满腔热血下了百分之九十九的狠心，打算在首都找份工作，可实际结果是我们两个被虐得比狗儿还惨。

说实话，那年四月的北京城并不美。市区和郊区的绿化都是一片枯黄，城市建筑也是灰蒙蒙的一片。空气里不是粉尘就是各种不知名的杂物颗粒，还飘着鹅毛般的柳絮，这是很多南方姑娘都不会喜欢的气候。我和陈笑可没想这么多，每人就攥着一千来块钱，提着各自的行李箱，买了张硬座火车票就来了大北京。不过，哪个毕业生心里不怀着个北京梦，以为天大地大总有自己展现才华的地方。可实际上到了北京我们才发现，北漂确实不好当啊。拿来的钱本来就不多，要想在北京多住上几天，除去吃喝、交通等费用，我们连最便宜的团购酒店都住不起。

后来为了节省费用，我们只能和其他人拼拼凑凑地住了七天地下室。地下室环境不太好，洗漱间的热水时有时无，灯光也暗，还很潮湿。关键是网络还没信号，手机都打不出去。投出的简历丝毫没有回应。为了所谓的理想，我们也只能将就，吃的、喝的都是最便宜的。在来北京第八天的时候，我妈给我打来电话，一阵嘘寒问暖，让我忍不住在街上哭了出来，心里觉得特别委屈。后来我妈实在看不下去，又打给我一千块，说："闺女你别倔了，好好玩两天就回来吧。"

我和陈笑拿着这一千块在北京最外围的昌平区定了快捷酒店的特价住房，72块一晚，定了两晚。白天去面试，马不停蹄地在北京各大区间奔波着。晚上回到酒店，我们累瘫在床上，哪也不想去。可是最后面试结果都不如意，有的通过了面试，可是实习薪资连基本生活都保障不了；有的用人单位觉得我们没有经验，直接被回绝了，十分悲催。

在我们决定离开北京的前一天，陈笑接到了一家法资企业的法语编辑岗位的录取通知，于是她决定留下来。第二天，我拿着我妈给我的所剩不多的钱买了几个景点的门票，背着包包去了趟故宫和天安门。拍了几张照片，买了把紫禁城的扇子，吃了老北京的炒酸奶，当晚就买了火车硬座回西安。这次北京之行真是狼狈不堪。

在我坐上火车之后，陈笑给我打来电话，她说等她在北京混好了，让我再来一起打天下。我看了看火车上形色各异的人，低头小声地说："不了，够了。"

2011年6月，我大学毕业。

在离开西安之前，我最后去了一趟杂志社，那个我写了几年专栏的地方。记得早些年给杂志的约稿里有一篇文章曾这样写道："每一年的夏日，我们都会流好多眼泪，我们总是在战斗，被地铁、租的老房子、生鲜的河鱼、记录实习的签字笔、真实的不堪的梦想、不知往何处去的欲望所围绕。我们很努力地去爱这个城市，第一步从打扫租的老房子开始，买一束花，铺上桌布，摆上大老远从宿舍带来的工作灯、画集，就像是刚学会爱的小孩，拙劣又可爱。"

而2011年的这个夏天，我将会去哪里战斗，我也不知道。但，绝对不会是北京。

7月份，我回了趟老家，整日吃了睡、睡了吃，唯一的活动就是去网吧打游戏。看我这颓废样，我爸是一肚子气，可无奈没处撒。他每天吃完饭就去跳舞，照他的说法就是"眼不见，心不烦”。相反，我妈倒是很乐意让我待在家里面，天天变着法给我煮好吃的。7月中旬的时候，我接到广州一家电台的邀约面试，问我是否有意做一档夜间栏目的编辑。那天晚上吃饭的时候和爸妈临时开了个家庭会议，我妈的意思是反正广州离家近，逢年过节好回家，表示同意。我爸低头看了看手机，让我自己的事情自己看着办，别白读了几年大学窝家里发霉就行。我闷声低头吃完饭，然后回房间默默收拾东西。去就去，谁怕谁。

从广州火车站出来的时候，行李箱被一个背着蛇皮袋的大叔迎面撞了一下，“嘭”的一声就倒在了人群里。车站人来人往，拥挤不堪。没有人会花精力和时间去关注与自己无关的事情，所以并没有人问我是否需要帮助。我弯下腰咬咬牙把沉重的行李箱提起来，呼哧呼哧地一步一抬地跟着人流上了台阶。

人太多太杂，天气太热，环境吵闹，一切匆匆忙忙又互不干涉，是我对广州的第一印象。

载我去电台报到的出租车师傅是个年轻的小哥，大概二十五六岁，一路上一首粤语歌哼个不停。我说：“师傅，你歌唱得挺好，参加过什么比赛吗？”“我啊，早些年参加过，也没啥太大成绩，根本混不了饭吃。后来为了生活只能改行开出租，每个月的收入也能维持生活，现在情况还比较乐观。人啊，虽然有梦想，可总不能先被生活饿死，对吧？小姑娘。”我沉默地点点头。生活就是这样，不管你喜不喜欢，都得先混口饭吃，才有可能谈精神享受。

当我正在为租房的事忐忑不安时，电台负责人告诉我栏目组可以安排住宿，让我和新来的栏目主播一起合租一套公寓。这档节目是电台新增设的夜间谈心栏目，栏目名称是《请给我写信》，所以编辑和主播都是新招来的。

负责人给了我住处的钥匙和地址，让我打车过去。我招了辆出租就出发。住处位于越秀区的一个小区里，房子有些老，没有电梯，但环境不错。楼下是几家风情各异的咖啡馆和面包手工坊，还有一家韩国料理店，小区后门左转几百米就是大型菜市场。真难以想象，当初自己是怎么一个人扛着一个大皮箱到三楼的。房门号是307。

当我用钥匙打开房门的时候，看到一个姑娘正套着围裙在厨房做饭。“你好。”“你好，我是秋北，秋天的秋，北方的北，很高兴认识你。”她说话的声音沙沙的暖暖的，特别有味道，我听着有点出神。

“你好，我叫夏南，夏天的夏，南方的南。”

“哇，我们的名字真有趣。”

“是啊。”

“快放下行李，我做了晚饭，一起吃。”

她做了西式餐点，煎牛排、意大利肉酱面、沙拉。不好意思告诉她我不吃面，所以勉强吃了几口，喝了一大杯水。她问我，是不是不好吃，感觉我没吃多少。我说，很好吃，谢谢。晚些时候，她泡了咖啡，热拿铁。我伸手接住她递过来的咖啡时，她正好抬起头对着我笑，我看到她嘴角右边有颗小黑痣，脸上有两个小酒窝，看起来特别美。

2011年夏天，我和秋北正式合租住在一起。

秋北身高一米六八，瘦瘦高高的却只有八十来斤。她长发及腰，总是穿着宽宽大大的衣服。她很喜欢白百合，房间和客厅都插了好多。有一天她问我："你最喜欢什么花？"我摇摇头说："不知道。"她突然一脸认真地说："相信我，和我在一起，你肯定会喜欢上白百合的。"

后来，我养了一只波斯猫，全白，嘴角边也有颗痣。不知道取什么名字，干脆叫秋北。每天当我在房间写稿的时候，秋北就窝在我怀里喵喵地撒娇，偶尔捣乱。秋北总是逗我说："我们夏南怎么这么招人喜欢，连猫都喜欢。"我摇摇头说："哪有，估计也就只有猫喜欢。"她忽然从卫生间探出头说："瞎说，还有我啊。"然后哈哈大笑。

可惜，在某个深夜，波斯猫秋北不知怎么就溜出了房子，再也没回来。

很多个熬夜写稿整理素材的夜晚，我的房间门会反锁。秋北不会打扰我，只是默默地在临睡前给我泡好咖啡，然后轻轻地敲几下房门，就回房睡觉了。大多数时间我听不到敲门声，咖啡会放凉，第二天清晨走出房门时才发现，会觉得特别不好意思。

2012年10月，栏目播出三个月，收听率节节攀升，效益很好。秋北的声音非常具有认知度，在这个城市的名气也越来越大，偶尔白天出门还得戴个墨镜，像个明星一样。后来，电台领导说可以给台柱子秋北安排另一个比较好的住处，环境设施都比较高档的地方。我从同事那里知道消息时，心里突然觉得空落落的，浑身被一种名为孤独感的东西包围着，不知所措。回到住处后，我用冷水冲了澡，披着浴巾一个人在关了灯的房间里坐着。

秋北敲我的房门，我没开。她隔着房门对我说："夏南，我不走，别担心。"我的眼泪止不住地流了下来。

2012年12月的某个晚上，秋北从云南出差回来，我正在房间里写稿。她走进卫生间洗澡，水声哗啦啦地传了出来。大约过了二十分钟，她敲我的房门，说："今晚我有点累，就不给你泡咖啡了。"然后就没了声音。我放下怀里的猫，走出房门。她湿着头发坐在沙发上，一动不动地盯着没有打开的电视机。我到卫生间拿了块干毛巾给她仔仔细细地擦头发。她忽然就哭了。那一晚，我有点不知所措，我第一次主动抱紧疲惫不堪的秋北。

2013年春天的某天晚上，我们讨论彼此喜欢的作家。秋北指着床头堆满的书说："你看，村上春树的最多。"她又问："你呢？"我说："安妮宝贝。"她看了看我，又看了看窗外，低声地说："夏南，你心里一定藏着很多故事吧。"

2013年夏，栏目组收到了一位听众朋友的来信。她说，希望秋北能帮她找回曾经那个在她提出分手后还苦苦等了她三年的男人。等她回过神明白了他的好，他却早已被她丢失在风里。这份遗憾搁在心里久久不能释怀，所以她想借助电台的力量尝试着寻找。

那个深夜，窗外传来布鲁斯美妙的声音，把八月的闷热一扫而光。秋北从背后悄悄抱着我，把头埋在我的肩上，久久地不说话。

2014年10月6日，我被安排去西安出差。抵达火车站的时候，西安正下着狂风暴雨，黑乎乎的夜里震耳欲聋的雷鸣声有点吓人。我拖着行李箱好不容易招到一辆出租，和师傅说了地址后急忙把行李往车上塞。司机师傅有点自来熟，自顾自地说起话来。他说：“这样的天气西安不常有，今儿大白天还好好的，晚上就骤降暴雨，真是见鬼了。”我抖掉衣服上的水珠，急忙应了声：“噢。”

抵达酒店后，我拿出手机打算给秋北报个平安。“对不起，您所拨打的用户已关机。”低头看了看手表，22:58，距离栏目开播时间还有整整两分钟。在那个雨夜里，我特别想听听秋北的声音。所以，我把收音机调到了栏目频道的波段。

“听众朋友们晚上好，欢迎如期收听今晚的《请给我写信》，我是秋北。现在是北京时间2014年10月6日，不知不觉栏目开设已经有三年多了。非常感谢这三年来大家的喜欢和支持，在这期间我曾经读过很多听众朋友的来信，也有幸分享了很多人的故事和生活。今天，我想和你们说说我的故事……

2011年夏天，我的生命里闯入了一个女孩。她剪着一头干净利落的齐耳短发，娇小玲珑的样子特别可爱。她一个人去过很多地方，记下了很多故事。嗯，第一次见面的时候我给她做了意大利面，可是后来我才知道她其实是不吃面的。嗯，她叫夏南，夏天的夏，南方的南。对我来说，她是一个很特别的女孩。

起初因为机缘巧合，我们被安排在一起合住，住在一起后我才发现，缘分如此奇妙。

她总是习惯关在房间里写稿，不免让人觉得有些孤独。平常夜里我会泡好咖啡放在门口，她总忘记拿。记得有一天她开着淋浴洗澡，哗哗的水声从卫生间传来，她忽然探出头冲着在外面泡咖啡的我说："秋北，你笑起来的时候特别好看，像我养的那只猫，真忍不住想亲一口。"水声太大，我听不太清，但好像是这样说的。

在2014年夏味最浓的7月底，我和她从广州出发，去了趟北方的大连。那个时候的大连温度适宜，景色很美。我举着拍立得要和她合照，她却总是一副懵懂的表情，有点呆萌。在棒槌岛的海边散步时，她望着那片海长久地发呆，我不知道她在想什么。在大连的那些晚上，她会悄悄地从背后抱住我，让我别动，乖乖的就好。她不知道，背着她的时候，我的脸红了一阵又一阵，心跳特别快。

到今天为止，我和她在一起生活了三年零五个月。这三年多里，她是我的编辑。我读过很多她写的故事，渐渐地，我无数次幻想过某天也能成为她笔下的故事主人公，可能我这辈子都没有机会了吧。可是我一点也不遗憾，因为这三年零五个月的所有时光就是我最饱满的故事，也是我一生温暖的回忆。

现在，她正在西安出差，天气预报显示西安正下着暴雨，也不知道她有没有带伞。不知道她会不会在这个时间段，习惯性地打开栏目波段来听我的节目。嗯，我不知道。

夏南，对不起，这是我最后一次录制节目。我要走了。我想去一个陌生的地方，没有人认识我，也不知道我从哪里来，做过什么。他们对于我全都是未知，而我对他们也一样，是零。很抱歉，我就要离开这个与你朝夕相处的地方了，即使我不知道我要去哪里。但那里，一定没有你。没有你的笑、你的闹，也没有你的沉默，没有你的难为情，没有你的背后拥抱。

夏南，如果我走了，你会偶尔想起我吗？不要告诉我答案。

对了，房子的钥匙我放在书房架子上的铁盒里。

对了，夏南，生日快乐。

今天的故事就分享到这里。我是秋北，秋天的秋，北方的北。很高兴认识你，再见。

那晚西安的雨好大啊，大到我听不到世界的声音。我无力地瘫倒在床上，想哭却哭不出来。那个拨出去的电话，依旧关机。

等我再次回到广州时，她的行李已经搬空。没有人知道她去了哪里，就像我那只深夜出走的猫，不再回来。

2015年1月初，我辞掉工作离开了电台。

离开之前我站在广州南站候车厅里打了个电话，“对不起，您所拨打的号码是空号……”

还是这样啊，谁也找不到。

后来我顿了顿，整理好情绪后给我妈打了个电话：“妈，我要离开广州了，要去一个地方找一个人。”她说：“你去吧，注意身体就行。”挂掉电话的时候，强作的镇定土崩瓦解，眼泪啪啪啪地掉落下来。整个人好像被掏空了一样，连回头的力气都没有。嗯，我要离开这里了，离开这个孤独得不像话的地方。

我去了杭州，她的家乡。

我在玉皇山路上开了家店，店里面摆满了白百合和村上春树的小说。店内每日手冲的咖啡只有五十杯。希望这五十个人里，有一个是她就好。晚上，我会关上门，穿着她留下的红色高跟鞋，在没有开灯的房间里跳着一个人的迪斯科。窗外的月亮，被寂寞打扰着。

我的店名叫秋北，秋天的秋，北方的北。

从那以后，我再没有养过猫。

从那以后，我也再未遇到那个叫秋北的女人。

云知，原来你就在鹿城

2009年夏天，第一次遇见夏禾的时候，我在南京，流浪。

我的流浪并不是拥有诗和远方的流浪，它只是失业的另一个名词，也是弱者自欺欺人的委婉托词。在当今这个高速发展、弱肉强食的社会里，到处都有流浪者，比如我。

那年我刚好二十八岁。

我出生的地方，是一个南方偏远县城的小镇。小镇依山傍水，景色优美，规划统一，建筑低平，最高不过有钱人家的两三层红砖白墙楼房。街道上的店铺虽然各式各样，却是清一色的装潢。有些人家自己拓了一方庭院，种些花花草草，养些猫狗鸡鸭，安逸得很。镇里的孩子平日在街道上肆意地奔跑打闹，开开心心。老人们就喜欢坐在自家门前聊家常，也经常分享各自家里好吃的小食。这样的生活，慢悠悠的，很有味道。可能是一方水土养一方人，习惯了慢节奏生活的我，并不是很喜欢大都市的快节奏生活。那满大街的灯红酒绿，霓虹闪烁，让我觉得不舒服。所以我曾一度坚定地选择不去北上广深这些大都市。其实我是害怕的，害怕我无力抗拒大都市迎面扑来的压抑感，害怕城市那么大，我找不到回家的路。

此时此刻我身处的这座城市，正在快速地蓬勃发展着。万家的灯光把天空映成酒红色，霓虹亮起，广告牌上的字闪烁着，仿佛在昭示着它的力量。夜风悄悄吹过窗户，拉下一道道帘子，熄掉一盏盏灯。

夜幕下，有人安然入睡，有人彻夜不眠，有人长醉不醒，有人笑，有人哭，仿佛所有人都渴望在夜色里找回自己。

午夜，环西上北路。

各式各样店家的招牌闪烁着，天上的月亮被人间的喧闹吵醒了，睁着迷离的双眼望着嬉闹的人群、寂寞的城市。她安静地坐在我面前，表情略带紧张和害羞，齐耳短发，厚嘴唇，涂着裸色口红，烟灰色指甲，锁骨间有动物文身，眼角有痣，眉宇间是笑。她不是那种特别出众、一眼就惊艳到你的美人，却特别精致有气质。她说："你应该不是这里人吧，你从哪里来又要去哪里呢？"我被这突如其来的问话弄得有点不知所措，手里的画笔在空气中僵持了几秒。

"你坐好，还没画完。"

二十分钟后，我把画像给她。

她走的时候转过身对我说：“嘿，我叫夏禾，你呢？”“我叫什么不重要，很高兴认识你。”我望着她越走越远，视线里好像隐约捕捉到她回头看的笑脸，眼睛弯弯的像月亮。

这是我画过的第几百几千个女孩，我忘记了。我走过无数条街道，却始终也找不回她。

正式和这座城市道别的时候，恰逢十月，十月的南京，怎么说呢，带点灰蒙蒙的黄，梧桐开始发黄，街道总有树叶飘落。经常下雨，或是绵绵细雨，或是阵雨、雷雨，阴晴不定，但总体比较清爽。在这里生活了这么久，算不上喜欢，但有些感情。

我在出租屋的卫生间把背头剪成了清爽的板寸，快速地冲了个澡。花三十分钟收拾打包行李，把有点洗旧的被子整齐地叠放在床上，生活用品也一一对位摆放。给房间清洁消毒，给阳台上的盆栽浇水施肥。一切收拾整理妥当后，我把钥匙交还给房东。老大娘深深地拥抱了我，搞得气氛有点严肃、沉重。老大娘说，我是她碰到的第一个这么爱干净的租客，我这一走，她一是舍不得，二是担心下一位租客不知道什么情况，会不会把房子弄得乱七八糟。这三年，我的确受到了老大娘不少照顾，也明白她的境况，算是相互理解吧。她从小城市来南京务工，一个人勤勤恳恳劳作，后来遇到她爱人，两个人不辞艰辛地奋斗，直到三四十岁的时候才稍稍有点积蓄，她爱人却不幸突发脑溢血去世。她也没办法，一个人继续拉扯四个儿女长大成人。生活的辛酸艰苦活生生把她的头发染成了灰白，所以老大娘看上去比实际年龄要老一些。现在孩子长大后又各奔东西，独独留她一个人守着这偌大的空房，度日如年。

临走前我和老大娘照了张合照，照片里的她慈眉善目，我面带微笑。我背着相机，拉着装着两双布鞋、一双布洛克皮鞋、三件衬衣、两件毛衣、四条裤子、五双袜子、几本书、一叠厚厚的CD和一套画具的行李箱离开了。

我的手机里，标记着一个目的地。没有确切的地址，只打听到她在南方的一座海岛，那个岛的名字像她的名字一样美丽——鹿城。我来了，天涯海角我也要找到你，我的云知。

出租车驶向火车站的时候经过环西上北路，我脑海里突然浮现出那个叫夏禾的女孩。很奇怪，我们只有一面之缘而已。上次匆匆道别，也并未报上名字。如今我带着简单的行李和一张火车票，匆忙离开，一路往南，不知道是否还有机会再次相逢。

我在百度上搜索她在的那个城市，百度百科里是这样描述它的：鹿城，位于海南岛的最南端，是中国最南部的热带滨海旅游城市，是中国空气质量最好的城市、全国最长寿地区（平均寿命80岁）。鹿城又被称为“东方夏威夷”，位居中国四大一线旅游城市

“三威杭厦”之首，拥有全岛最美丽的海滨风光。那里片片沙滩动人，海天一色，一排排椰子树高大傲人。

我想，在那个城市，傍晚时分可以和相爱的人在夕阳下散步漫谈，海风会轻轻吹拂脸庞，脚下也总是一不小心就踩到温热的贝壳。如果喜欢露营，还可以在夜晚搭个帐篷一起待上一夜，感受潮退时的平静，放眼观望星空的璀璨，第二天早早睁开眼睛看晨曦掠过海平面，伴着翱翔的海鸥，一个个贝壳被照成金色、银色甚至五彩色，深爱的人就安静地窝在自己的怀抱里，那是多么浪漫的体验。

那样浪漫的体验，其实我拥有过的并不少。和云知在一起七年，我们两个人一起去过大概二十六个国家，两百四十九个城市。拥有的合照洗出来的就有一万三千四百八十二张。而我给她画过的画像，达到一千九百九十八张。一起听过的CD，一同翻阅过的书籍、画册都不计其数。我们曾约定，等我三十岁时就成家，在她的家乡深圳。

可人的心就像个无限扩张的黑洞，永远不会像个纸盒一样容易被填满。你爱一个人爱得越深，渴望的也就越多，贪欲变得永无止境。我以为我们会在一起一辈子，想一起做的事即使像满天繁星那样多，也不怕没时间，所以不要着急，我们慢慢来。

可是以为永远都只能是以为。我们并没有一辈子那么长的时间，来不及慢慢来。

2008年7月17日午夜时分，云知留下熟睡的我和一张纸条：别找我。

她悄然离我而去，像风一样刮向远方，再也没回来。

云知，你知道吗？我现在看见美好的事物总是想起你。流浪的猫，深秋的浓雾，暖手的茶，黑夜的大雪，初春的大海，高空的蓝天白云，小女孩手里的薄荷糖。我想，那些美好的东西你也应该看看，哪怕不是和我一起。你在那座城市过得好吗？会不会偶尔也曾想起我？

2009年10月的一个阴雨天，我在午后抵达鹿城。

鹿城果然名不虚传，自踏上这片土地的第一刻便不禁由衷感叹。鹿城北靠高山，南临大海，空气中带着咸咸的海水味。市区坐落在一种幽美的以山、海、河为背景的自然环境之中，城市的建设注意城市与自然环境、生态环境的协调关系，把生态与人文自然巧妙地结合在一起。真是一座美丽的城市啊！

我撑一把黑色雨伞，拉着行李，在一条名叫幸福街的小巷里找到一家名为萨帕布拉的客栈，登记，入住。客栈为上下两层的纯木制复式结构，装饰也以复古色为主。客栈里摆放着很多我不知道名字却尤为芳香的植物，还有两只白猫懒洋洋地窝在专属的吊床里看人来人往。

客栈老板娘年轻热情，肤色偏黑，长得很精致。在交流中了解到，她也二十八岁，在游历了世界各地后决定停留在这座城市，开一家供人们短暂休憩和交换故事的客栈，客栈名字是在尼泊尔朝圣时遇到的一位僧侣赐予的，寓意深远。今年是客栈开业的第四年。我们交流的整个过程十分愉悦，没有任何不快产生，的确是一家令人感觉舒服的客栈，不论是从硬件还是从服务和人情味上来说都值得一赞。

入夜。

我们在一楼庭院里秉烛夜谈。她说："来这里的人无非两种，一种带着心事来，了了心事走；一种空着心来，带着心事走。你是哪一种？"我说："我是第三种，什么也没带来，什么也不带走。"

她轻轻抿了一下嘴说："噢，不耽误你睡觉的话，我给你讲一个故事吧。"

2008年秋末冬初的时候，鹿城遇到了时隔多年的台风，整个鹿城乌云遮天，空气中夹杂着水汽，风不停雨不止。在这样恶劣的天气中是少有人前来游玩的，可有一个姑娘偏偏从很远的地方来到这里。她长得很漂亮，长发及腰，真的是那种齐腰的飘飘长发。她穿着一身芥末绿的亚麻裙子，米色风衣配复古牛皮鞋。她说话南方口音，没有大大的行李箱，只背着一个背包，脖子上挂着相机，和一个装着笔记本以及相册的手提袋。

她预订房间的时候订了四天。第一天早上，她九点外出，晚上十一点回来，带着相机；第二天早上，她七点出门，晚上十点回来，还是带着相机；第三天早上，十一点出门，晚上八点左右回来，没有带相机。我不知道她为什么要在这样的天气里出门，就像我不知道她为什么这时候到来一样。令我惊奇的是，在第四天的时候，她剪掉了她那头及腰长发，变成了一头潇洒利落的齐耳短发。

第四天晚上的九点，她来柜台找我说："老板娘，你可真好看。我叫橘里，来自深圳，二十七岁。我能留在这里吗？端茶送水打杂也行，只要管吃管住，可以吗？"

虽然这是我们第一次相遇，可我就是没有理由地很喜欢她。所以我说："好，你叫我林萨就行。"

我印象里的橘里真的是一个很好的姑娘，似乎比同龄人经历的事要多一些，思想阅历和见识都不一般，性格也好，做事勤快、热情。我真是由衷地喜欢她，喜欢她的气质，喜欢她的声音，最是喜欢她的笑，弯弯的眼睛像月亮。和橘里相处久了，我们慢慢地变成朋友，可能更深一点，像相互依赖的家人。

但是我知道，她每天都需要吃药，脸色一天比一天差。我曾无数次问她得的是什么病，她都笑笑说，没什么大病，吃的就是一些调养身体状态和睡眠质量的药剂，便不再让我多问。

她来鹿城的第四个月，我们一起去云南西双版纳旅行。

在西双版纳的第三个夜晚，我们参加了当地的篝火晚会，篝火旁的人们唱着、跳着、欢呼着、雀跃着，手拉手围成一圈，像极了一场自行组织的演唱会。

在人群散去后，我们依偎着坐在篝火旁。天空中残留着一抹篝火的黄，星星还未全部散去。她两眼凝视着跳动的火苗，看了很久很久。然后她深深地呼气、吐气，忽然转过头直直地看着我的眼睛说：“林萨，你知道吗，我爱一个男人足足爱了九年，从十九岁到二十七岁。我们初中同校，他特别优秀，人也帅气，成绩好，还多才多艺。而我长得并不怎么好看，学习也一般，所以有点自卑。可他总是和我玩，不仅帮我复习功课、解数学题，课余时间还教我怎么玩摄影。他有时候总是逗趣地说，我比其他女孩子好看多了，笑起来跟王祖贤一样美。但是初中三年他并没有说过他喜欢我，所以我自然不敢自作多情地捅破同学这层关系。我怕会因此失去一个对自己好的人。读高中时，幸运的是我们还是同校。我们约定：熬过高中这三年，高考结束，我们就正式在一起。读大学时，我们在同一个城市但在不同的学校，可这并不影响我们的感情。我们总是一有时间就一起去旅行，他总是有很多有趣的点子，变着法子让我开心，偶尔的争吵总能被他轻易化解。整整四年下来，真的满满的都是美好的回忆。对于我这样普普通通的女生来说，能够有这样一份持久而真挚的感情真的是上帝的眷顾。所以我特别珍惜，想用自己的生命来守护它。

“林萨你知道吗，他摄影真的很棒，画画也厉害。在他的镜头里我总能看到不一样的自己，就连平时的喜怒哀乐都被他捕捉得淋漓尽致。他说那是日常记录女朋友的美好。他也总是喜欢给我画画像，各式各样的。和他一起的九年里，我们去了很多很多地方，看过很多美好的事物，拍了很多照片，也画了很多画。我喜欢做手工，所以有时候也给他设计了一些他喜欢的艺术形式的手工作品，可他总是怕我累着，不让我做。大学毕业后，我们回到了我的家乡深圳。两个人租了一个不足百平的房子做工作室，一步一步设计，直到装修全部完成。我们满怀信心地开始了我们的社会生活，也开始了我们两个人的生活。我和他约定好等他三十岁我们就结婚，然后生两个可爱的孩子，因为我们觉得一定要两个才好。林萨，他是一个对自己有着十分苛刻要求的人，尽管他每天总是忙工作忙到三更半夜，设计出来的作品一件又一件，可挑剔的他总是不够满意。他真的很努力，所以一定很辛苦吧。每每这个时候，我就会很自责，怪自己无能，怪自己没办法帮爱人分担一些责任。但他总是摸摸我的头，安慰我说没关系。

“距离他的三十岁越来越近，我们那个小家的味道也越来越浓。在我二十七岁的某一天，这份幸福却被突如其来的灾难全部打碎了。

“那天我去医院体检，医生让我找来监护人，说情况挺严重的。我才知道自己患了癌症，乳腺癌晚期。我想哭，可是哭不出来。我的身体被铺天盖地的悲伤包裹着，可是我竟然没有力气流出一滴眼泪。我似乎能清楚地看到自己的生命如何被终结，我仿佛能体会到生命的最后一刻我对这世间所有一切的不舍。我的外婆、我的母亲都是因患乳腺癌早早病逝的，而我将是第三个。我害怕，害怕自己就要离开他，可我还没有给他一个真正的家。

“所以，我逃避了。我不敢面对这样的结果，我不能面对这样的结果。我只能在某个夜深人静的时候，悄悄亲吻他的脸然后转身离开。我真的不想让他恨我，你不知道我有多爱他，多舍不得他。”

那一晚我把橘里抱得紧紧的，心里的悲伤莫名地四下蔓延开来。“橘里，你怎么这么傻呢？你应该告诉他，他这么爱你，怎么会舍得丢下你。”

她轻轻摇摇头说：“林萨，我问过医生几次，能不能通过治疗延长生命，一两年也好。但医生说，我靠药物最多也就能撑半年左右，这对我来说是多么残忍啊。我害怕在他面前撑不住，一刻也撑不住。所以我匆匆地逃来这里，没有给他留下任何消息。可你知道，越是接近死亡，越是想念他。想知道他过得好不好，想看看他的样子，想念他的一切。林萨，我的名字是，云知，云朵的云，知晓的知。”

2009年夏初，云知在鹿城病逝。我联系了她的家人，和他们一起办完了后事，可我却联系不到你。我曾怪你是个寡情的人，那么深爱你的人都走了，为什么你还迟迟不来。后来我才知道，是云知的家人对你隐瞒了她过世的消息，让她悄无声息地离开了这个世界。自那以后，我知道，你一定会来找她的。所以，我一直在这里等你，终于等到你。

那晚曾几度难受得快要窒息，内心好像被撕裂一般疼痛，鲜血从撕裂处流出来，从眼睛、耳朵、鼻子里流出来，我仿佛靠近死亡一般难受。

云知，原来，你真的在鹿城，原来你不在鹿城。

云知，我好想你，你知不知道。

我决定在次日清晨离开这里。因为我再无停留的意义。

我要回深圳，回到那个停留过、离开过又即将回去的地方。那座城市，有云知与我的过往和梦想，有云知的想念，我不会再离开那里半步。

临走前，林萨给我一封云知留下的信件。

我在回深圳的火车上打开。

岛田：

见信如我。

你好吗？工作顺利吗，生活得怎么样？离开你以后，日子变得好漫长啊，突然有些后悔不辞而别了呢。对你的生活真是有好多好奇啊。我们在一起九年了，九年里的每一天都很令我怀念。

我在鹿城，日子过得安静、平淡。我总想象你还在我身边，空气里还是你的味道。你不知道吧，时至今日我依旧清楚地记得第一次和你说话时我紧张的样子，也记得第一次一起吃红豆冰的小确幸，记得第一次和你去看阿妹的演唱会，也记得你第一次抱着我入睡的心动。那些回忆可真美啊！

岛田，和你在一起的每分每秒，不管开心、快乐、悲伤、难过，还是幸福、感动、心酸、苦楚，我都想一一珍藏，每一分每一秒都舍不得丢掉。你也知道我的脾气不好，真的不好，常常倔得要死，连我妈都对我嫌弃万分。但是，谢谢你一直迁就我、包容我，也一直宠着我、疼着我、爱着我。谢谢你陪我度过那美好的校园时光，谢谢你同我一起走进社会，更谢谢你要给我美好未来的许诺。

我知道，未来的你一定能把工作室做好，你也一定会成为一个优秀的人，你一定可以给爱你的人和你爱的人幸福。所以，你要照顾好自己，千万别生病了。就算没有我督促你，你也要按时吃饭和休息。设计不出来的时候求求你别再用冰水冲头了，那样真的不好，容易着凉感冒。还有，你也别总是熬夜工作到天亮，要少喝咖啡，在外面别喝醉，有情绪的时候要记得放松，别憋坏自己，还有还有，不要忘记笑啊，你笑起来最温暖了。

你看，我是不是变得越来越啰唆了？可我还有很多很多话想对你说，我怕再不说就没机会了。

岛田，谢谢伯父、伯母一直以来对我的喜欢和肯定，我多希望能成为他们的儿媳妇，和你一起孝敬他们啊，可事与愿违，我可能做不到了，真的对不起。

还记得你送我的那枚戒指吗？它虽然看上去很土，一点也不华丽，可是我每天都戴着，从来没有摘下来过。因为戴着它就像你时刻陪在我身边一样，让我安心。我呢，每天会把我们一起拍过的照片来回看好几遍，总是看不够。

现在，我在鹿城，这里很美、很安静，有海浪声、微风，还有璀璨的星空。岛田，我多想和你一起看看海边的日出和夕阳，想像从前一样，和你一起穿梭在大街小巷，吃麦芽糖和香草味的冰激凌。

岛田，你会找到我吗？你会来这里吗？我还能撑到你找到我吗？你一定会找到我的对不对？现在我每天吃药，但已经没有什么成效了，脸色变得越来越苍白，头发脱落的速度越来越快，感觉怎么化妆都漂亮不起来了，穿衣服也不好看。怎么办？我好怕以这副样子出现在你面前，可我又多么希望你能尽快出现在我的面前。

岛田，对不起，我可能等不到你了。如果我先离开，请原谅我不辞而别。我是那么那么爱你，你一定会原谅我的，对吧？

希望你能碰到一个美好的姑娘，希望你能再次放心地去爱，就像爱我一样。希望我的岛田，你能重新开始自己的生活。

岛田，我爱你，我想你。我们，不说再见。

云知

14/05/2009

再见，鹿城。鹿城，再见。

2010年，我在深圳办个人摄影绘画作品展，再一次遇见夏禾。

她穿着一身棉麻白裙，搭配姜黄色外套，披肩发，戴着一顶咖色的帽子，面容依旧精致耐看，笑起来恬淡优雅。她远远地对我招手，我朝她走过去。

“嗨，先生，我是夏禾。”

“嗨，我是岛田。”

“我知道。”

“夏禾，你头发变长了一点。”

“嗯。好看吗？”

“好看。嗯，你怎么会来深圳呢？”

“我终于找到你了。怎么办，我好像对你一见钟情了。所以后来我通过很多种方式查找了你的相关资料，了解了很多关于你的事，包括你热爱摄影画画，你喜欢蓝色，你喝酒，但不抽烟，你最喜欢旅行，去过好多好多个国家。对了，你还有一个相爱了好几年的女朋友叫云知，你很爱很爱她。你们还一起开了一个工作室，对吧？”

“嗯。对。”

“那现在，你们结婚了吗？”

“没有呢，她去了一个很遥远的地方。”

“那里漂亮吗？”

“漂亮。”

“你今天很可爱，像一只猫。”

“我可以爱你吗，岛田先生？”

“可以，等我再一次遇见你的时候。”

东京下雨了

栗子在东京遇见浩森的时候，她刚烫了时下最流行的卷发。

在下雨的涉谷车站，涌动的人群来来去去，撑着白色的或黑色的伞。栗子穿过白色的斑马线朝人群中走去，她一点也不怕拥挤，这个时候她恨不得有一万个人将她包围，好让她忘掉所有的痛苦。

你看，想哭的时候，天空就会哗啦哗啦下起雨来。天空真是善解人意呢。栗子在涉谷车站的人来人往里，大声地哭泣着，仿佛想要把所有的委屈和悲伤都哭出来。但谁也不会去注意她，谁也不会奇怪她为什么在雨中哭泣，谁也不会去问为什么。人们沿着各自的生活线继续走着，互不干涉，人与人之间相对陌生又相对安全。

这样真好啊，栗子发自肺腑地这么觉得。

栗子喜欢东京，喜欢这座城市人与人之间这种陌生又安全的距离感，喜欢她永不缺乏的新鲜感，也喜欢她的夜夜笙歌，喜欢她揭开所有表象之后的残酷现实。唯一不喜欢的，是下雨天。

她不喜欢雨天，是因为一个人。

这个人就是户生。

2015年秋，栗子说服家人让自己到东京留学。栗子学的专业是西点制作。来东京之前，她就在网上看好了住的地方，在上池袋附近，从天台往外看还能看到东京塔，这里离她的学校也不是特别远。从打扫租住的房子开始，到买来新的桌布和花束，栗子从来都不觉得辛苦。

可能除了她自己，谁也不知道，她来这里最大的理由是因为户生。

那个高中时候她就喜欢的男生，他在这座城市自由地呼吸着、奔跑着、成长着。栗子想来这里看看，这是一座什么样的城市，她也想知道，她能不能在这里和他一起成长。

她是在来东京三个月之后，学会了制作第一个小蛋糕，才决定联系户生。她怯生生地发了消息给户生，说她到东京学习了，能不能见个面。户生很快答应了他，并确定了约会的地方。约会地点定在银座——东京最繁华的地方。

出地铁站的时候，栗子一眼就认出了户生。只是他改变了发型，戴上了一副黑色镜框的眼镜，穿着一条黑色裤子，搭着条纹棉质衬衫和墨绿色风衣。穿着打扮有点像日本男生，简约却干净有味道。

栗子忽然有些紧张。她不知道，是该举起右手还是左手和户生打招呼。还好，是户生先向她笑了笑并打了招呼。

户生本来在银座附近找了一家日料店吃饭。可栗子说，她想吃拉面。所以他们决定去吃一澜拉面。栗子把自己制作的小蛋糕送给户生，说手笨做得不太好，不要介意。户生连忙表示感谢。后来户生还带栗子去了秋叶原六本木抓娃娃，除了娃娃还抓到了好几个动漫手办。

那一天临别的时候，栗子问户生：“以后能不能有时间一起玩？”

户生说：“下次我去你的学校找你吧。”

因为这个约定，栗子开心了很久很久。

因为她终于迈出了第一步，向喜欢了很久的人提出了一个约定。

户生去栗子的学校见她是在一个月之后，那天正好是栗子的生日。户生带栗子去了迪士尼，还一同看了一场电影。户生问她：“你想要什么礼物？”栗子鼓着勇气问：“你可以不可以抱抱我？”

户生摸摸她的头，温柔地抱住了她。户生低头靠近她耳边说："你可以不可以做我的女朋友？"

原来生日里许愿的话，真的可以成真。

那么，所有长途跋涉漂洋过海的等待和付出，就都值得。

那一年的生日，大概是栗子一路走过来的24个年头里最开心的一次。

因为户生大学就来这边留学，算起来已经在日本待了快四年，所以相对了解东京。他带着栗子去了很多好玩的地方，也逛了一些时下比较著名的店铺。对于栗子来说，要想熟悉东京，跟着户生逛是最直接也最便捷的方式。所以她总是一有空就去找户生，户生也总是有时间就带着栗子玩。

时间过得特别快，转眼间，他们在一起两年多了。

他们搬到了一起，住在栗子原来租住的房子旁边，由小单间换成了一个稍大一点的房间。距离出租屋不远处就有一个超市，栗子喜欢做饭，做西点的手艺也越来越好，总是能给户生带来不一样的甜蜜。他们都爱旅行，加上户生学的是电影，摄影技术很好。所以他们从东京到关西，再从关西去中部然后北上，大阪、京都、奈良、名古屋，北海道、札幌、小樽，除了九州没去，大部分地方他们都利用课余时间去转了转，拍下的照片数不胜数。栗子说，她最喜欢的是，从两个人一起开始收拾行李到乘着火车出发，再到一路沿途走走停停，然后收拾行李回家。这个过程，她总觉得是非常奇妙的。它似乎是一种特殊的调味剂，总能给平淡的日子惊起一丝波澜，让感情不觉得乏味。

而户生喜欢的，是有栗子的每一天。户生给栗子拍了很多照片：她张着嘴大声笑的；她顶着乱糟糟的头发在卫生间刷牙、洗脸的；她穿着吊带坐在马桶上拉屎的；她趴在床上读书、看漫画的，她低头吃饭、躺在沙发上吃零食的；她认真在厨房钻研学习做西点的；她晚上安静睡觉的。户生的镜头里，栗子总是那么真实而美丽。

可能这就是情人眼里出西施吧，无论怎么看、怎么拍，都好看。

如果意外不曾降临，谁也不会想改变这样的生活。

在栗子来东京的第三年，一个下雨天，意外降临。户生出了车祸，因抢救无效死亡。

栗子描述这场事故，只用了这七个字——因抢救无效死亡。在医院听到医生的诊断时，她看着躺在病床上的户生，出奇地平静。她哭不出来，她的心突然疲惫到没有力气哭泣。

她默默地联系了他的亲人，可她脸色苍白，怎么都哭不出来。她只是觉得胸闷到快要窒息，总是难受到呕吐，似乎不能接受这个现实。

直到她从户生的父母亲手中捧过户生火化后的骨灰，她才意识到，户生真的走了。那一瞬间，她“哇”的一声哭了出来。

她千里迢迢漂洋过海寻找到的爱情，她和他朝夕相处平淡又甜蜜的三年，在一瞬间就全部结束了。她忽然好恨，恨那天为什么没有让户生多等自己一会儿，为什么让户生先回去。可她并不知道，即使她不叫他走，户生也会走。因为他还要提前回去，给她准备生日惊喜。

所以，栗子开始惧怕下雨天。

她在雨天不出门，也不敢拉开窗帘，她害怕雨滴会穿过玻璃打在脸上，她害怕自己又会哭，停不下来地哭。

很久很久之后，栗子从两个人变回一个人。所有的模式，不过是回到了刚来东京的那会儿。只是，她再也没笑过。她忽然觉得，在东京度过的每一个清晨和傍晚，都那么煎熬。她忽然想快速结束学业，想拼了命地逃离这座让她又爱又恨的城市。

所以在半年后，栗子毕业的这一天，她去烫了时下最流行的卷发。她要庆祝，自己终于可以结束这场漫长的煎熬。她在心里，郑重地和户生告别。她，要离开这里了。

栗子站在大雨里大声地哭泣着，没有人管，也没有人问。可偏偏在这个时候，浩森撑着一把白色的伞举过她的头顶，他低着头看她，轻轻地说：“这样会感冒的。”

栗子看着他的眼睛，似曾相识的熟悉——那种让人心安的温柔。栗子就站在他对面，流着眼泪，时间一分一秒地过去。直到她觉得累了，想要一个肩膀靠靠。

浩森送她到车站，然后把伞送给了她。栗子不知道他叫什么名字，也忘记了问他叫什么名字，只是拿着他的伞呆呆地坐上了回家的地铁。

栗子原本以为，那只是另一场意外，不带任何性质地发生在生命里的一个小插曲而已。可她在另一个下雨天，再次遇见了浩森。

她拉着行李箱在去乘地铁准备前往成田机场的路上，天忽然下起了雨。她依旧没有带伞。她努力地拉着笨重的行李箱往前跑，雨哗啦哗啦地浇在她身上，一点点打湿她的头发、她的身体。栗子觉得冷极了，早春的雨真是冰冷透了。

浩森就是这样巧合地第二次出现了。他那把白色的伞，再一次罩在了她的头上，不带任何预兆。她认出他以后，惊叫着跳了起来。他看着她笑，说“你又淋雨了”。

她就是在这时知道了他的名字——浩森，像藏在他黑色镜框后深邃幽深的眼睛一样，一个富有灵气的名字。

可栗子不想再和这里的任何一个人发生任何交集。今天，她就要真正地离开这里。所以，她微笑地和他道谢并且道别。

浩森并无再多过问什么，只是说，“下雨记得带伞”。

栗子想起那把留在东京的白色伞，忽然笑了起来。

她要了他的联系方式，可她并不打算联系他。

栗子知道，即使很多年以后，她也不会去联系他，但她会始终记得他。记得那个在她歇斯底里快要在雨天崩溃的时候给她撑出片刻晴天的他，记得他那双熟悉又陌生的眼眸。即便她感到欣喜，对于这样突如其来的偶遇，也庆幸在离开之前能再次见到他，可她拒绝接受相遇之后的继续。因为她没有多余的勇气，再去发生任何刻骨铭心的故事。她只想简简单单地打招呼，然后知道他的名字，然后再微笑道别，转身离开。这样就好。

所以，栗子穿着新买的衣服，顶着一头卷发，坐上了东京到上海的航班。

她知道，她再也不会回到那个地方。所以，和二十岁到二十四岁有关的记忆，她都不会再提起，谁都不会知道，她曾那么炽热又温柔地爱过一个人。

即使直到最后，她也没完全拥有他。

我的朋友陆一一

陆一一曾和我打赌说，三十岁以前不会结婚。

可如今，她彻彻底底地食言了。2017年10月，她结婚了。在上海，和李安先生。明明离我们的三十岁还有五年，明明最初她想要结婚的那个人还没回来。

那天我去上海出差，和她约在田子坊吃饭。她涂着橙色的口红，很好看。

席间我问她："你等了那么久，真的不等了吗？"她说："抱歉，我累了。"

她的一句"我累了"，封住了我所有已经蹦到嘴边的话。我想，我不需要其他解释了。

我和一一认识了很长的时间，从高中开始算的话，到现在有十年了。

那时人人都在为高考、为未来担心，可她倒好，每天只知道和理科一班的陈斐腻在一起，下课时间、周末、假期，都被陈斐承包了。所以当时我们开玩笑说，陈斐将来一定很有前途，毕竟小小年纪当起了“包工头”，不简单。

2008年6月，高考结束以后，陈斐填了北京的志愿，去了他心仪的中央美术学院。而一一也随陈斐去了北方，不过就读的是不同的学校，隔着一个半小时的地铁。那时我问一一：“你是不是一定要跟着陈斐去北京啊。你不怕不适应那里的气候环境啊，听说那里的生活压力很大啊。”她毫不犹豫地点头说：“陈斐去哪我去哪，谁都不能改变我的选择。”

我没想过要改变任何人的选择，爱情这种东西，谁都无法替别人做主。只是北京那么大，她会不会觉得孤单，我只能远远地看着，并不能像在同一所城市时，她受到委屈了，难过了、孤单了，我都能立马出现在她眼前，然后伸出手轻轻地抱抱她。

读大三的时候，陈斐出国了，去了北欧的瑞士。记得他临走前对一一说：“你一定要等我回来。”那时的陈斐，语气和眼神，都是那么坚定，坚定到无懈可击，让一一全身心地相信着，相信只要熬过这三年，他们就能长久地在一起。

像所有异地的情侣一般，一一和陈斐甜蜜又煎熬地度过了两年时光。他会在她生日的时候，给她预定同城的鲜花配送到家，礼物也早早准备好。他会每天在她入睡前，打电话或是发信息了解她的生活和心情。在合适的时间，他们相互买票不远万里去看望彼此。

但后来，慢慢地，情况就变了。陈斐的电话越来越少，别说每天了，就是一个星期都难得有一个，甚至好些时候可以好几个月都不联系。一一说，陈斐一开始和她解释的是后期学业结课很忙，没有太多时间想其他的事情。后来他开始实习工作，又说每天的工作事情很多，很忙，完全顾不过来。其实一一知道的，她都知道。他不是真的忙，他只是没有以前那么喜欢她了。

所以一一给我打电话的那天，在电话那头大哭起来。我听见眼泪掉落在空气和泥土里的声音，可我什么都做不了，只能在电话的那头默默陪着她。

后来，我们大学毕业的时候，一一去了上海，而我选择了上海附近的杭州。我们在一个炎热的夏日里，搬进出租房，铺上新的桌布，买上一束花，开始了为生活奔波的战斗。似乎在每一个夏天，我们都需要流泪，我们都需要战斗。

幸运的是，现在一一认识了李安，驻上海的一名美籍华人律师，三十岁。

他俩具体的相识、相爱过程，我并不是很了解，也无需了解，我只需要知道李安是真的很爱一一，只要一一觉得幸福，就够了。

我知道，这几年里，一一是拼了命地坚持过，坚持等陈斐回来，坚持给自己一个确切的答案，坚持到最后亲口承认这份爱情的结束，然后给六年的喜欢画上一个句号。

但陈斐始终没有回来，也没有再联系她。我不知道陈斐为什么可以做到这么无情，无情到可以忘记那个从开始懂得爱情就喜欢着他的女孩。但一切都无关紧要了。

有一年五月，一一连续出差一个星期，在一个雨夜的凌晨三点落地在浦东机场。她看到李安准备好了雨伞和外套候在接机的地方时，她终于忍不住哭了起来。她扑进李安张开的怀抱，从未有过的踏实。一一没有理由拒绝这样的爱情，也不该拒绝。

在这之前一一和我说过，其实她只要陈斐一个明确的答复，不管多久她都可以等他。可是他没有，而她是真的累了。“你能不能想象，当大风大浪就要迎面袭来，你却在大海里浮沉、挣扎，随时都可能被吞噬掉，却抓不到任何一根救命的稻草，你只能眼看着风浪越来越近，眼睁睁看着自己死亡，你能想象那种感觉吗？”一一说完，没有哭，只是觉得有点累。

我想，我应该能理解。就像我换了几个城市，换过很多住所，幸运的是，都遇到了特别照顾我的人。正是因为这样，有时候我会莫名地恐慌，很害怕有一天当我逐渐习惯了别人的照顾，开始对周边的人和物产生了依赖，当我逐渐适应了自己不是一个人在奋斗的状况，但突然有一天需要我再次孤军奋战的时候，我会力不从心，我会照顾不好自己。

那种巨大的落差，让我感到绝望。哪怕只有一分钟，也不想去体会。所以这些年来，我期盼着爱情，也恐惧着爱情。习惯了一个人，不想要牵强的爱情。

可是现在啊，我们已经站在了二十五六岁的路口。不能再像十七八岁的孩子，肆意地活，疯狂地爱，哪怕不懂什么才是真的爱情，只要不管不顾的喜欢。我们似乎一下子就变得很怯懦，遇事思前想后的，变得不那么勇敢了。

现在的我们，不要海誓山盟，也不要轰轰烈烈、惊天动地的爱情，我们只要通俗的陪伴，只要柴米油盐的真实和踏实。

比如，当你努力工作忙碌了一天，身心疲惫地回到家，打开房间门的那一刻，就已经有一盏灯亮起，你可以用低低的声音说："我回来了。"他不需要回答你，只要轻轻地接住你递过来的包和衣服，只需要转身给你一个拥抱、一个眼神就够了，这足以温暖一颗疲惫的心。

所以，我特别能理解一一的选择。

感觉累了，就不要再等了。想爱了，就选择去爱。

所以，我应该为一一感到开心。她在最需要陪伴的时候，遇到了坚不可摧的爱情，她不用再背负着一颗千疮百孔的心奔赴往后的人生。很开心，我又可以看到，从前开心快乐的陆一一。希望我的一一，能永远像只快乐的鸟儿自由地呼吸着、飞翔着、被爱着。

五月份的时候，我去上海出差，回来之前找了个时间见了陆一一。

她穿着鹅黄色的呢子大衣，打底是去年我送给她的黑色长裙，脸色不错，笑起来还是和从前一样，傻乎乎的。“陆一一，你好像胖了。”“那又怎样！”“没事，好看着呢。”

她冲上来抱住我的时候，力气大得使我感觉就快要被勒死了。足足有两分钟，她就是不撒手，像粘人的孩子一样一直抱着，推都推不开。最后我推开她，努力喘口气的时候，她说：“快说，你是不是有了新的对象？”“有毛病，万年单身，你又不是不知道。”“可你身上的味道好像换了，是不是换了新的香水，哪个牌子的？”“嗯，我涂的是沐浴露。大宝SOD蜜，你值得拥有。”

其实我还不太习惯这种显得格外隆重的仪式，比如拥抱。它会让我强烈地意识到，我们之间间隔的时间和距离，是足够久和远，才需要这样见面了紧紧相拥。可是我又很喜欢，喜欢这样的仪式感里带给我的细小感动和温暖。

“李安呢，为什么不来请我吃饭？”“他最近到新西兰出差，去了大半个月了。回头啊，我俩到杭州负荆请罪去。”“带上82年的拉菲，就原谅你。”其实熟悉我的朋友都知道，我的好朋友陆一一在2017年国庆节的时候结了婚，和李安，那个胆大包天敢“拐走”一一的男子。

晚上吃饭的时候，一一还是老样子，不停地给我夹菜、给我盛汤、给我点甜品。这些细节让我无比怀念我们两个人一起生活的时光。

“南南，我和李安今年六月份要迁去新西兰了，看来以后咱俩就要聚少离多了。原本是做足了心理准备去面对一场长久的分别，想要到新的地方开始新的生活，可是一想到连同你也要一道分别，心里的难过还是止不住。你知道吗，我常常想着想着就失眠，睡不着，我害怕我接受不了一个人长久的空旷。我需要你。”

这是一件已确定的事情，确定到我只能说知道了，再无其他可改变的事实，确定到她话一出来我心里就充满了失落和悲伤。而我也不能，不能像平时安慰别人一样说，别难过，都会好的，时间是最好的解药。我不能撒谎，我多么难过和舍不得啊。

一一是一个不那么坚强、不那么乐观的女孩。我从认识她的时候就知道，她爱哭，一言不合就哭。以前和她在一起，总感觉自己就像她姐姐或者男朋友一样，需要去保护她、呵护她。

而这十年的时间里，看见她在年少时寻得心满意足的爱情；看见她追寻年少的爱情，长跑六年却无果而终；看见她独自奔波、寻觅，最后终于撞进了李安的怀抱；看见她再一次慢慢开始欣赏春日的阳光、夏日的阴雨。我见证了她从女孩变女人，从懵懂到成熟的每一步。如今她终于要远走了，我们从此南北半球春冬相隔。你说，我怎么能不难过？这种难过，远远不止一点点。

临走前，她摘下左耳上的耳钉，蓝色的，从前我送她的那枚。

“将来你结婚的时候，一定要记得还给我。这是信物，我等你。”

“好。”

那对蓝色的耳钉，有个俗套又温暖的名字，叫“不再让你孤单”。三年前我送给她的生日礼物。

三年前她彻底失恋，结束了六年的漫长等待。

那天她拉着一帮朋友去喝酒，喝大了，整个人疯疯癫癫的，在KTV拿着麦克风胡言乱语。快结束的时候，她说她没醉，她说还要再喝，她嚷嚷着说谁要送她那对耳钉她就跟谁走。嗯，那是她很喜欢的一对耳钉，我们一起逛商场的时候看到的。我怕有人把酒后的话当真，也怕说者无心听者有意，怕有人乘虚而入，所以第二天我偷偷去买了那对耳钉，找了个合适的时间，偷偷放在她包包里。后来她开心地戴上耳钉，得意忘形地跟我说：“就你傻乎乎地听信我的胡言乱语，我要是说送一克拉钻戒你也去买啊……”

“钻戒的话，就让别人买好了。我穷。”

其实我是个特别不擅长去表达爱意的人，比起说一堆好听的话让人耳朵生情，我宁愿默默去做一些力所能及的事情，即使微不足道，即使并不被需要也好。但我始终觉得，这种不掺杂其他因素的纯粹情感，更值得被深刻地记在彼此的心里。

我把耳钉收进包包的最里层，就像藏着一个巨大的宝藏。我并没有郑重其事地说离别的话，我知道我们仍会再见面，只要有时间。

直到此时此刻，我都还能强烈地意识到，我是真的真的很喜欢很喜欢你，我的陆一一。所以不管将来你会在离我多远的地方，不管你的白天是否是我的黑夜，我都希望你能感受到我跨越万里的想念。

傍晚的五点一刻，我在杭州东站下了车。

车站里人来人往，从出口处涌进的风穿过耳际，我突然觉得很绝望。在搭乘出租车的地方，排队半个多小时，我终于坐上了出租车，关上车门那一瞬间，终于控制不住大哭了一场。

以前，我写下过一些文字。我曾描述自己就像一只猫，四海为家，很自由，始终没有找到一个归宿。我从这座城市来，到那座城市去，我走过山林，见过大海，我跋涉万里，走走停停，却从不在一座城市长留。所以，我是自由的，又是孤独的；我是忙碌的，又是空虚的。

可能你也像我一样，可以朝九晚五地努力完成工作，可以精打细算着好好生活，可以追逐理想日夜兼程，也可以为了自由步履不停。你是不是也会像我一样，偶尔会控制不住自己，大哭一场，在某一个落日的黄昏里，在某一场清晨的雨里，在某一场午夜的电影里。所以，有些时刻我想要一个怀抱，一个能让我卸下所有疲惫和负担瞬间变得柔软的怀抱。

曾经有个朋友和我聊起租房的事情，她说：“我还是喜欢合租，一个人住，一整天都没人说话的感觉太难受了。”习惯独居的我并未感受到这句话蕴含着多大的意义，直到今天，我才发现，那是一句可以把人杀死的话。

那句话里的孤独，可以瞬间把时空吞噬，也可以一点点把你存在的意义弱化掉。原来啊，我已经有好多天没有开口和别人说话。从天亮睁眼醒来到天黑闭眼睡去，我好像都是一个人。天光，日暮，都与我无关。

突然想喝酒，威士忌最好。

THREE

不甘，才是混下去的武器

借我杀死庸碌的情怀

傍晚的五点一刻，我从外面回来。

我从水果店买了葡萄、提子、橘子、芒果，还买了些酸奶。穿过街道，回家走过人行道的时候，人行道两边的车流，车灯前前后后闪烁着，人们等候着绿灯亮起，喧嚣的世界好像突然安静了，那一会儿，只剩吹过耳骨的风声。

在那一刻，我多渴望有一只温暖的手轻轻地牵起我，一步一步走过静止的车水马龙和荒芜的时间。

但想象仅仅是想象，在车子喇叭声响起的那一刻，这一瞬的安静破碎了。我回到现实，着急忙慌地逃离。

因为厌倦公司里的阿谀奉承，辞掉了部门总监的工作，在这些不上班的日子，却一不小心跨过了人生中二十五岁的坎儿。每天乐于穿梭在菜市场挑选喜欢的蔬菜水果，周末忙于逛家居市场、收拾屋子，我像个中年全职太太一样，生活仿佛改了一个方向——不再是从前的养花种草、读书看报，也不是周末看各种展、听音乐会。

前两天和一一视频，她刚洗完头发窝在沙发上，李安举着个吹风机有模有样地给她吹头发——“贤妻良母”。一一举着手机低着头正眼都不抬地对着我说：“唉，我觉得你现在足足像个三十岁的大妈。”

“你可拉倒吧，我的少奶奶。”

嘴里这样回复着，心里却不得不承认，似乎这就是现实。但明明我也有涂口红，明明我也渴望永远活得像二十岁。

在放松的时日越发喜欢听电台，喜欢从电波里传出的磁性嗓音，喜欢电台主持人唇齿之间发出的音节和腔调，那声音像是隔空的拥抱，在某些失眠的夜晚，耐心地安慰着我。

所以我曾幻想过，和声音谈恋爱。

他从电波里传来的一字一句，他的声音，他的呼吸和语调，都饱含深情。

我根本不需要知道他在哪里，他长什么样，过着什么样的生活。我只要在准确的时间点，打开他的节目，听他遥远又靠近的声音，听他播放熟悉的音乐，听他诉说那些与我无关的故事，只要有他声音的陪伴就好。

但是这种喜欢，让我感到莫名地空虚。因为他属于任何一个像我一样渴望温暖的人。

我知道，这只是一种幻想，它适合独自生活的每一个人，像我，像你，像我们。

时间又匆匆地跑到了六点一刻，窗外的落日没过了城市的高楼，只剩下呼呼的风声。

又一日，傍晚的六点一刻。

从朋友家的窗户望出去，看见夕阳的光晕铺满整个屋顶，有些光穿过百叶窗投到墙上，成了一道美好的风景，像一幅油彩画，懒懒散散地展现着一天之中最温暖的美好。

耳畔传来熟悉的轻音乐，是久石让的曲子*Summer*。

心里有种原始的冲动，突然想找一把竹凳，端一碗茶，靠在窗口，细细翻看一本书。

我已经很久没有安安静静地记录下些什么，也没有把笔下的生活一字一句地念出来录音了，失去了用文字和声音记录生活的冲动。只是有好多次在夜深人静时，一个人窝在房间看电影，看着看着就想哭，莫名地想奔跑在海边或是山间。

某一天，杭州下大雨。窗外灰蒙蒙的，能见度不足十米。我站在11楼的阳台，穿着条纹睡衣，望着在雨中穿梭的车辆、人群，突然想去海边。于是我在微博上写下："想去海边，在下雨天的时候。"

可我并没有去，只是在吹了一阵冷风后关上了门窗，拒绝了窗外的声音。而那些内心的冲动，就这样一次又一次被自己有意无意地丢掉了。也许是足够认清自己的慵懒，面对生活的疏忽，我选择睁一只眼闭一只眼。因为我渐渐发现，有的人一旦过了二十五岁，就再也不如从前有激情了。

镜子里的自己，短发，样子有些憔悴，脸上的斑点越来越多，黑眼圈、法令纹越来越明显。穿的睡衣宽宽大大，显得人有些臃肿。衣柜里的衣服，永远的黑、白、灰三个颜色。叹气。

前几天夜间读书，我发现一个有趣的问题。

年少时读书，即使做不到真的一目十行，读书的效率也很高，逻辑还清晰，而且就算学习再紧张，平均读完一本书的时间也不到一个星期，基本每年都会读二十本以上的书。

可大学毕业后是什么情况呢？即使一字一句读着，也总会感觉摸不透，逻辑有些混乱，甚至不夸张地说，还总容易感觉困乏。其实，作品本身没有发生变化，变化的只是自己的心。

就像以前我们没书读，也会一本本地借着读，去书店、去图书馆，借朋友的、老师的。而如今即使有钱了，想买的书都能买，几乎不存在找不到想看的书，但一本再薄的书，你也总感觉读不完。

大概因为你已经逐渐被这个社会的浮躁和浮华所影响，你已经没有足够的耐心去安安静静地读一本书，看一部电影，听一首歌，喜欢一个人。你放下手机不足五分钟，就会担心有没有错过谁的微信消息，你会时不时地刷一下微博、朋友圈；放下手机再看会书，你又会觉得今天看书看够了，还有很多事没有做，先不看了；或者你看着看着就会觉得困了，一觉醒来，又忘记了从哪里开始看起。

这是大多数人的现状，也是我的现状，阅读的状况不容乐观。但我们不自知，也不自省。

辞职后，我拒绝社交，不接工作。除了吃喝拉撒和偶尔出门赴约，几乎断绝了与外界的所有联系，也就在这个时候，我越发觉出了读书的重要性。所以，在很多个傍晚，我渴望在文字里找到某些精神国度的慰藉。

我是一个很喜欢傍晚的人，傍晚让我内心平静，让我靠近深夜的寂静。而在包围住的寂静里，我可以思考很多事情，可以认认真真地回想起，这些走过的时光里，我是怎么熬过来的。所以，我脑子里大多数的文字，都被记录在傍晚，有晴天、阴雨天、大风天、雾霾天，反正都是在傍晚。每当我打开电脑记录文字的时候，是我最为平静的时候。

“你要奔跑啊，别停下来。”

远方山峦缠绵，此时我身侧落日熔金。

只有跌倒后不断爬起，我们才能走向远方

这个故事，和一个平凡的家庭有关。

阿述出生的地方，是一个距离县城很遥远的小村庄。

那个村庄不富裕，没有柏油路，只有弯弯曲曲的山道，从这座山穿到那座山，从西边绕到东边。早些时候外出务工的人们，最怕雨天，因为下雨容易导致山体滑坡，他们害怕出事故。所以每次回家，总要选一个风和日丽的天气，高高兴兴地买上一张汽车票，随着颠簸的汽车摇摇晃晃，三四个小时后就能到达村口。他们每次回去总能远远地看到村里瓦房顶上缭绕的袅袅炊烟，还有穿越村庄欢快流淌而过的小河，河边长满青草，有时有牛羊吃草。每次把脚放进那条小河的时候，都有风吹来，清清凉凉，舒舒服服。在每家每户堆得高高的麦秸垛上，经常有淘气的小孩爬到上面躺着午睡，或者是三四个孩子在下面玩捉迷藏。村里人养的

那些家犬和鸡鸭啊，挤满了那条窄小的村道，老人们坐在一起，一边晒太阳，一边闲聊。

村里人的生活朴素踏实，邻里相安无事，大家都过得很满足，也很快乐。

阿述家有六个孩子，他排行老大，有两个妹妹、三个弟弟。在那个时代，搞大队生产，吃大锅饭，人多粮少。他爸爸是生产队队长，为人正直，公私分明，从不滥用职权给家里孩子多拿口粮。他妈妈是生产队的通讯员，说白点就是村里有个啥事挨家上门去通知，是个靠嘴吃饭的活儿，一个月也能挣点工分。俗话说，穷人的孩子早当家，想想阿述，还真是这个理。

阿述十七岁念完初中就帮着父母挣钱养家了。小时候，他帮忙农耕，种稻谷、种菜园，岁数再大一点就随先早一步外出打工的亲戚到了省城。他没多高文凭，做不了啥技术活儿或者高端的工作，只能送送水，扛扛液化气罐，开开三轮车，工地招工的时候还会跑到工地上搬搬砖。阿述为了帮父母供弟弟、妹妹们上学，只要能挣钱的活儿，再辛苦他都尝试过。那时的他，稚嫩的肩膀扛着重重的担子，不怕苦、不怕累，很能干。

阿述喜欢折腾，脑袋灵活，动手能力也强。他小时候嘴甜，经常被村里的阿婆照顾，顺便也被传授了一些缝纫的技巧，所以在外务工的日子，他的衣服都自己收拾，哪儿破了缝缝，尺寸大了改改。久而久之，阿述渐渐地喜欢上了裁缝这个技术活儿。可一起工作的男人们都说，男人做女人活儿不靠谱，挣不了钱、吃不了饭。但阿述脾气倔不听劝，想做的事就一定要努力做到。所以他通过父亲的关系，回到县里报了个中专班学裁剪。那会儿妹妹们都已经嫁人了，三个弟弟也陆陆续续去了大城市上大学，家里经济也不宽裕，阿述只能边打工挣学费边学习，日子苦得很。他爸爸看着同龄的孩子都外出谋生去了，只有阿述还窝在那个狭小的县城里，没一门硬技术，婚事也没个着落，甚是着急。于是他催着媒婆给阿述介绍几个姑娘，可阿述一心都用在学习上，也没那个心思，总说“不急，不急”。

阿珍出生的地方离阿述所住的村子不远，是个靠山吃山的村子，偏僻，交通更不方便，人口稀疏，唯一好一点的地方就是山清水秀，人杰地灵。

阿珍在家里排行老二，属于村里特别漂亮的姑娘。在二十岁的时候，她去了县里的中专学校，报了裁缝班学缝纫。

阿述第一天去上课，迟到了。老师点名问他：“为什么迟到？”阿述说：“因为家里母牛生崽，需要人帮忙。”老师又问：“你又不是兽医你帮什么忙？”阿述继续回答说：“帮忙看它生没生下小牛。”那一刻教室里传来“扑哧”一声笑，它来自第四排的阿珍。阿述循声望去的时候，心里突然颤了一下，他知道，他要娶这个姑娘。

那天阿珍穿着件蓝色的棉质裙子，素色条纹，扎着高高的马尾，瘦小纤弱，坐在教室的第四排。不知是由于旁边的姑娘太土气，还是阿珍太洋气，反正阿述第一眼望见她就觉她长得真的是太漂亮了，于是下定决心要追到阿珍。

阿述很聪明，对喜欢的姑娘总能想出点儿点子让她开心。每逢上课，他都故意挑阿珍的座位后边坐，和当时相交较好的男子一同故意为难阿珍，上课扯她的头发啦，故意把她的书藏起来啦，把她的饭吃掉啦……总之，“坏事”干尽，终于引起阿珍的注意。有一天放学，阿珍和阿述一起打扫教室，她低声地问阿述：“你干吗老为难我啊，你是不是喜欢我啊？”他点头，傻笑。阿珍扭头继续扫地，脸红了一阵又一阵。

平静的生活持续了一个月后，阿述开始行动。他正式邀请阿珍在学校旁边的米粉摊吃了碗加了叉烧的米粉，然后看了第一场电影，一下子花掉了他半个月的生活费。阿珍为人倒是实在，送给阿述一把裁剪用的剪刀和一些布料。阿述和爸爸商量后，鼓着勇气提着鸡鸭和一袋米就去阿珍家提亲。当时阿珍家条件在村里算不错的，加上阿珍年轻漂亮，为人善良，提亲的人不少，相比之下，阿述甚是寒碜。阿珍妈哪里看得上这个穷小伙儿，语气严肃地警告阿珍——“别想了”。可阿珍就中意这个穷小子，阿珍妈无奈，最后也只能成全他们。

出嫁那天，阿珍穿的是妈妈用最好最贵的布料，花了二十四天一针一线亲自裁剪缝好的新娘嫁衣——大红的颜色，完美的凤凰图案，美丽大方。阿珍的姐妹和村里的姑娘们都来帮忙。阿珍被打扮得漂漂亮亮的，然后由她的兄弟送到村头的古榕树下，撑着一把应景的红伞，等着阿述来接亲。阿珍说，当她看到阿述和他的兄弟们骑着自行车兴高采烈地朝着她奔过来时，她心里明白，这辈子就要和这个男人共度一生，内心竟出奇地平静，好像这一刻迟早要到来似的。

那时的爱情简单明了，若是你情我愿，就可结为夫妻。

夫妻二人婚后生活平淡朴实，日子简简单单很踏实。虽然善良的阿珍偶尔也会和阿述妈发生小争执，但婆媳之间的这点小吵小闹根本不妨碍他俩的爱情。一年后，阿珍生下一个女儿，取名梦玛。

后来，中国改革开放不断深入，城市不断崛起，经济在往更好的方向发展，阿述一家安稳的生活也被推着发生了改变。

20世纪90年代，阿述带着妻女去了从村子得坐五个多小时火车才能到达的莱城。

莱城交通便利，经济发展迅速。城市里到处都是高楼大厦，车水马龙，好不热闹。绿化做得也很好，就是人多，有点拥挤。可能大家都想往更好的生活方向努力，所以都来到大城市发展。街上的人穿着打扮很时尚，不带一点乡村气息。每个人都说着属于这个城市的话语，一些年轻人还会普通话和英语。当时阿述就立志要把普通话学好，不能丢村里人的脸。阿珍笑他好面子，说“这关你哪门子的事啊”。

经过一个多星期的奔波，阿述终于谋了个职，在某饭店厨房里帮工，每月450元，勉强过活。那会儿梦玛刚五岁，还需要人照顾，阿珍想在纺织厂流水线当纺织工的计划泡汤了。房租每月200元，加上水电、日常花费，每月支出差不多就是阿述工资的一半，但孩子还小，总得吃点好的补充营养。这个家每日粗茶淡饭，再怎么省吃俭用，日子也过得十分拮据。再过一两年，孩子到了上学的年龄，还得托人送进学校，又是一笔花费。一想到这些，阿珍就只能偷偷在夜里抹眼泪，不想让阿述看到，因为阿述已经够辛苦的了。可阿述心里清楚得很，知道阿珍总是哭，所以他总责怪自己没能耐。

莱城的冬天特别冷，不是阴天就是雨夹雪。城里人都穿着大棉袄，戴着帽子、手套，把自己裹得紧紧的。阿述和阿珍初来乍到，生活还没保障，当然舍不得买那上百块一件的衣服，只好把往年的旧衣服改造改造，做成了加厚的棉衣，穿着倒也舒服。但阿珍体弱，孩子也小，母女俩半夜总觉得冷，被窝也不够暖和。有一天，阿珍为了多给梦玛盖被子，自己着凉了，咳嗽了大半个月。阿述心里愧疚，心里也明白这些衣物顶多熬得过今年冬天。

还好，莱城的春天，在二月的时候就早早地来了。

出租房附近的水沟旁长起了一堆不知名的花，隔壁傻福院子里的爬山虎又开始生机勃勃了。傻福在清晨有时会拿着肥料给院子里的韭菜苗撒肥，再除除草、浇浇水，忙得不亦乐乎。韭菜苗是阿珍帮忙种的，说等韭菜长大了就给傻福吃。

某日，阿述晚上十一点下班回来，洗漱完躺在床上悄声问阿珍睡了没，阿珍动了动身子示意还醒着。阿述便和阿珍商量，要不自己开家裁缝店，这样阿珍也能搭把手。那一晚阿珍失眠了，她想了一夜也没得出个答案。第二天一大早天没亮，阿述就出门干活去了。晚上吃饭时，阿珍咬咬牙拿出出嫁前的存款，对抽着闷烟发愁的阿述说：“开，你是大裁缝，我是小帮手。”阿述往阿珍脸上狠狠地亲了一口，他知道，阿珍一定会支持他的。

自打阿珍随阿述到城里生活后，阿珍妈甚是惦记。阿珍拗不过阿珍妈，答应让她从村子跑大老远的路来看自己。临走前阿珍妈偷偷给阿珍塞了五百块，阿珍不要，阿珍妈急了，说孩子你别犟，你不吃孩子还要吃，开店花钱的地方多得很。正逢阿述下班回家，阿珍让阿述把妈妈送到火车站。不久阿述他爸也来看望他们，他爸说，几个弟弟都陆续毕业找到了工作，大弟弟还谈了个省城的对象。他爸觉得挺对不住阿述的，要不是早些年因为家庭的负担把他局限在生活的底层，如今也不至于这样。他爸回老家之前偷偷给他塞了些钱，可阿述坚决不要。他说这是应该的，作为家里的老大，就该做个男子汉，活得顶天立地。

时值三月三，阿述和阿珍的缝纫店开张了。“述珍缝纫店”的牌子挂在了莱城福元区环江路9号店铺的门匾上。阿述人勤快，手又巧，而且技艺超凡，会做不同款式的衣服，最擅长做旗袍。阿珍手艺也精湛，帮忙在阿述的成品上绣不同的精致图案，画龙点睛。两个人分工合作倒也快乐。起初来店里做衣服的人不多，阿珍为生意发愁，好在阿述天生乐观，说：“这也不难理解，人们爱找信得过的老裁缝做衣服，很少有找我们这样的年轻又才开张不久的人做，没关系，慢慢来。”

五月初，阿述在饭店厨房干活时认识的一位同事结婚，花五百块托阿述帮忙做件大婚袍。阿述花了两星期研究选材、设计、剪裁，阿珍也帮忙找了很多图案，最后绣了一朵大大的牡丹。一个月后，一件前绣牡丹花的樱桃红婚袍完成，新娘穿在身上宛若天仙，把新郎和一众宾客惊呆了。后来阿述偷偷告诉阿珍，那件婚袍其实花费了差不多一千块，成本比朋友给的多出了五百多，可那是朋友情义，不计价。也就是从那时候开始，阿述的技艺一传十十传百，在莱城就传开了。酒香不怕巷子深，艺高不怕人不知。

后来，“述珍缝纫店”的门槛都快被踏平了。喜欢阿述和阿珍的缝纫活儿的人越来越多，到店里采样预定的人也越来越多，他们的收入也越来越可观。阿述下班后每天都给梦玛买好吃的水果，阿珍去菜市场也终于敢买些喜欢吃的菜，荤素均有，营养丰富。一家人的日子越过越好，脸色也越加红润。阿述心里美得很，每天看着阿珍都觉得她越来越漂亮。后来为了工作需要，客人预定联系也方便，阿述就花了两千多块给自己和阿珍各配了一个手机。

八月的莱城迎来了市庆。市长秘书打来电话，让阿述晚上去他家里一趟。阿述把柜子翻了又翻，找了件比较像样的西装穿上，带着一盒子裁剪工具就出发了。晚上回来，阿珍神色慌张地问阿述是咋回事，不会是得罪了啥人吧。阿述大笑，说咱们这回厉害了，市庆前要给市长和市长夫人各做一套服装。那一夜，阿述和阿珍彻夜未眠，两人开起了小会，商量着怎么完成这件大事。

八月二十七日，莱城市庆。

市长一套复古中山装，严谨不失风度，市长夫人一身青花长裙，雍容华丽。庆典十分成功，举市欢腾，热闹非凡。阿述心里乐开了花。

阿述更是在庆典后无人不知，所以他干脆趁热打铁在市中心找了个门面，扩大了生意，“述珍缝纫店”牌匾换成了市长亲自题的字，高高地挂在二楼伸出的台架上。阿珍还去省里学了会计，把店里的账目做得越发清晰明了。

这日子啊，过得越来越红火了。

阿述一家眼看着要脱离了生活的苦海，可偏偏一场大火烧破了莱城的天空。

莱城市报用了很大的版块刊登了“述珍缝纫店”莫名其妙的那场火，真凶未缉，全城轰动。阿珍有些贫血，一哭厉害了就晕倒。她天天哭，哭得眼睛都肿了。阿珍妈不得不来城里照顾她。

阿述也憔悴得看上去老了十岁。阿珍妈给梦玛做饭、洗澡，哄她入睡。梦玛看着爸妈发愁的样子，也偷偷擦眼泪，她问外婆："为什么妈妈总是哭，爸爸也好久没给她买水果了？"五十多岁的阿珍妈没忍住眼泪，一边擦眼泪，一边低声对梦玛说："这就是生活啊。"

那夜梦玛没有早早地睡着，她躺在床上，睁着小眼睛望着天花板，她想努力地弄明白外婆的话到底是什么意思，可她一直也没弄明白。

午夜时分，梦玛呼吸声渐匀。阿珍妈拍着拍着梦玛的背，却开始独自抹泪。

莱城警方用了一个多月的时间调查出了事件真相。事情的起因竟然是傻福。那晚他肚子饿了，想到店里找阿珍给他做碗面条吃。看到店铺没人，他脚步踉跄地回了家点了个火把又回来，一个人坐在店门口等阿珍。不料那晚风太大，把火苗吹进屋里，烧到了门帘，灾难就这样发生了。傻福自幼就没啥亲戚，一个人孤独过活，所以到头来这场事故也无从追究，没有任何损失赔偿。阿珍也不想追究傻福的刑事责任。

如果就这样被生活打倒，可能也不会有现在的这个故事了。阿述一家人的生活还在继续着。

阿珍在大病痊愈后，也看开了，学了开车，开起了服装店，做起了小本买卖，平时自己去进货，把服装店打理得有模有样。即使发生过如此大的灾难，人的善良依旧未被怨恨所改变。阿珍还是对阿福照顾有加。后来阿述去了龙城打拼，半年回来一次。梦玛学习努力，考试经常拿双科满分。阿珍妈过来帮忙照顾孩子，爱给她做水煮鱼。日子一天天过去，只是莱城的“述珍缝纫店”再也没人提起。

1992年11月，莱城福元区阿珍家。

阿珍妈正手忙脚乱地照顾着刚生完孩子的阿珍，梦玛用肉嘟嘟的手逗刚出生几天的妹妹玩。阿珍躺在床上靠着枕头，一边充满爱意地看着孩子，一边虚弱地打电话叫阿述快点把东西买回来，天好像要下雨了。阿述在电话里应了声，便挂了电话。

梦玛的妹妹于1992年10月6日生，出生时五斤四两重，取名南顾。阿述说：“希望她生于南方，以后梦在远方。”阿珍说：“哪来那么文绉绉的，只希望她长大了常回家看看。”梦玛悄声问外婆：“这也是生活吗？”阿珍妈笑着点头。

我们赤裸裸地来，又赤裸裸地走，握着拳头来，张开手离开。这中间我们所经历过的，皆是生活。可生活不容易，常常会伴随着未知的苦难，如果我们学不会坚强，就很难正面迎击。所以，假如生活欺骗了你，假如你不小心在奔跑的路上摔倒了，你一定要擦擦身上的灰继续拼命地跑。你只有拼命地跑下去，才可能拥有保护自己所珍视的人的力量。

只有不断地在跌倒后努力爬起来，我们才能走向更远的地方。

往前走，不要停留

2016年的最后一天，我并不知道要用什么方式来告别。朋友圈里，大家都在忙着做年终总结，尽管我认为这一年并没有太多值得去记录的东西，就像未来的一年似乎也没什么太值得费心期待的事情一样，但还是想为这一年记录下一些什么。

近来总爱和母亲通话，感觉母亲总是有能力把我从很多种不好的状态里解救出来。

母亲爱种花，却很健忘，总是忘记一些花名。叫不出花名来的时候，会着急地冲父亲喊。

“阿述，你把阳台左边第三盆花剪一下枯叶，右边第二排第三盆也要剪一下。”父亲不爱回应，只是默默浇花。

母亲爱缝纫，年轻时和父亲一样，做得一手好衣裳。最爱做旗袍，穿起来也颇有滋味。她爱穿棉麻料的衣服，不喜欢鲜艳的颜色。

年过五十后，她总爱说："我可能真的老了，已经看不清针孔穿不了线，用心裁制的衣裳走线也越来越粗糙了，心里真是难受啊。"这时候父亲会用他稍好的眼神，默默地帮母亲穿针引线。

母亲擅长做菜，最拿手的是煲汤。每次回家，最爱吃她做的鱼，她也喜欢换着花样做，反正我怎么吃都吃不腻。

每次要离家时，母亲还会酿制一些小酒和果酱，让我带走。

一直以来，母亲都很宠爱我，用她独特的方式。

儿时爱背古诗词，她便毫不厌倦地一遍一遍地听我诵读。

年少时喜欢唱歌，她便允许我在校合唱团一待就是四年，并不因为担心学习成绩下滑而阻止我。

我喜欢学绘画，背着画板逃课四处瞎逛，她不骂不打，说只要我有目标就好。

大概十七八岁的时候，她也不问我要去哪儿读大学，读什么专业。她说，只要我喜欢就好。

二十几岁，她只问我，吃得好不好，睡得香不香，身体怎么样，工作开不开心，有没有意中人。而就在刚才的晚上九点，她和我视频通话，只问我吃饭了没有，什么时候回家。

是的，我所想表达的，不过是我爱我的母亲，爱她的所有态度，爱她对我多年的理解和尊重。

这种爱，比父亲对我的爱，更细腻，更温柔。

我的父亲，今年身体不如从前，突然生了一场大病。

前段时间，母亲陪同父亲常进出医院，他们都憔悴极了，感觉忽然老了好多。

父亲的病需要做几次手术，还需要住院和长期调养。

他会因为不能再喝酒而心情不好，会因为不能开着他的车四处跑而可惜，也会偷偷告诉我，他心里不好受。

那时候，我是无助的。我没办法挡住他们因为衰老而引起的一系列病痛，我甚至没办法陪伴在他们身边，真难过啊。

母亲说，父亲又开始缝制衣裳了。他曾经放下很多年的手艺，又拾起来了。

母亲说，父亲现在会经常陪着她去买菜了，还会和她一起讨论吃什么菜，怎么做更美味。

母亲说，父亲现在心情变好了，话也多了，好像又年轻了一些。

我在电话这边听着，感觉很幸福。

生活不就是这样，福祸岂能轻易扯得清。

每一年，就算你去过再多的地方，做过再多的事，总有那么一个地方、一件事让你印象深刻。

我也一样。没细数过自己今年究竟去了多少个地方，见了什么人，看到了什么风景。慢慢地，它们可能都会渐渐被遗忘。但是，我很想念青岛。

记得在某个夜晚，我们曾一同走过一条满是银杏落叶的道路，路灯微微地泛着黄光，晚上十点多街上已经没什么人。风呼呼地吹，耳朵被冻得发红，鼻子也被冻得难受。我心里却觉得欢乐，笑出了声。

多美好的夜晚啊，多感人的时光啊。

其实城市本身并没有太多故事，而是在那里相遇的人制造了故事。

就像下的漫不经心的一场雨，只因为一起淋过雨、一起撑过同一把伞，这场雨便成了温柔的雨。

就像吃起来味道一般的一顿饭，只因为你们一同说着、笑着吃完那一餐，那顿饭便有了难以忘怀的味道。

就像看起来毫不起眼的小路，只是因为他曾牵着你的手慢慢走过，那条小路便成了一条不同寻常的小路。

也许我想念的并不是青岛，只是那一个人。

但我并不会这样去说，那样就一点都不酷了。

就像我始终不会承认，我越来越渴望有人陪。

“你经常走过的那座塔桥，有人在两旁种满了花。最浓的香味，来自秋田最爱的秋菊。明年春天，你要回到这南方海岸，我带你去看花，你要留着长发。”

但后来，我越来越爱秋菊，也越来越偏向秋田。可能是秋菊本身携带着我爱的温柔和细腻，也可能是秋田本身更具有个人魅力。不管出于何种理由，偏爱就是偏爱，你不得不承认。

2016年10月，我辞掉总监的职位，开了一家小小的服装实体店铺，卖自己钟爱的风格的服饰。店真的不大，衣服也不是那么多。

母亲总是担忧，我是否能把衣服卖出去，能否挣够吃饭租房的钱。我会笑着安慰她："不怕不怕，最坏的情况就是钱没有挣到，但永远不愁没衣服穿。"

嗯，做着试试吧，会有人喜欢的吧，我这么安慰自己。

后来，我把住处重新设计了一下，把它变成了我的一个小小的工作室。

我在房间里面拍摄客片。拍完片子的姑娘会饶有兴趣地挑选几件喜欢的衣服，离开的时候会提着一个个漂亮的牛皮纸袋。我在房间里会见远道而来的陌生人，我们吃饭聊天也看书。

我在房间里创作剧本，偶尔也邀请朋友一同探讨。这个房间，满足了我想要的自由。

就这样，店铺生存了下来，我也生存了下来。

一天晚上八点多的时候，我一张一张地数了一下快递单，两个月的时间，不计到店购买的人，我总共发出了三百六十七份快递。不知道算不算多，反正还是蛮开心的。毕竟，还是有不少人喜欢呀。

就像拍照一样，卖衣服我也可以再努力一点，再坚持久一点。

要说难忘的事，实在太多。要说难忘的人，也有那么几个。

三月的时候，有个姑娘专门从内蒙古跑来找我拍照。十一月的时候，她结婚了。她写信给我说，草原实在是太辽阔了，她习惯了那种自由自在，只是现在她更爱家里等着她的那个人。

七月的夏天，在南京的夫子庙，我认识了一位老伯伯，六十六岁了。他写得一手好字，丝毫不输一些书法家。那一次我们跨越年龄，意外地聊了很多。最后他给我留了一幅字画，说有缘再见。可是我再也见不到他了，他悄悄买了张车票，去了人生的另一端，甚是遗憾。

十月，我收到来自香港的包裹。熟悉的礼物包装手法，熟悉的字迹，信纸和很多年前用的一样。他寄来的照片里，大部分是天空和大海。他说，年少时想和你去看世界，长大后想把世界带回家给你。好久不见，你好吗?

嗯，我很好。

十一月，我把藏在心里的想念热烈地表达，得到了回应，很是欢喜。

十二月，我悄悄喝了一瓶酒，做了一个沉重的梦。

不知不觉间，就站在这一天，2016年的最后一天。

你是以什么方式告别今年的，又在什么地方，和什么人。

我一个人，在20楼的家里，打扫房间，听着歌，喝着茉莉茶，然后用文字和你说说话。

可是，我突然不想再说什么，你懂的，对不对？

“不要留有遗憾，不然会想念。”

送给马上结束的2016年，送给我们这一年所经历的快乐和不快乐。一切都要结束了。

如果可以，明日未来，我要把日子过得淡雅一点，把恋人爱得热烈一点。

可以的话，新的一年多陪伴家人，爱自己，去远方，做有趣的事。

我们一起，学着做一个酷一点的人，洒脱地活着，好不好？

祝我们新年快乐，祝我们身体健康。

保持距离，也偶尔羡慕自己

有一个朋友，和她认识了好多年，加了微信后基本不怎么聊天。但她很喜欢给我点赞和评论朋友圈，这让我感觉很诧异。总想着为什么她不能给我发个消息，这样我们就可以聊上那么一会儿，这比起在朋友圈的评论回复不是更直接吗？

有一天我忍不住点开她的头像发了个消息，把心里的疑问发了过去。

她倒是很爽快地直接回复了我："因为我觉得我们的关系不足以深刻到能深入地了解对方的生活，也不知道你是否想让我具体地了解你最近的生活或者是心情，所以我不想打扰你。但我评论、点赞你的朋友圈，看着这些片断的你，就能了解那一时刻的你。我觉得这样挺好的。"

仔细地想了一下，确实是这样的。

我们很多人都生活在不同的城市，偶尔拍了几张照片，想了一段话，憋了一份心情，删删减减之后终于发布在朋友圈。

你的微信里可能有几千几百个好友，也可能只有几十个。这些熟悉的、陌生的称之为朋友的朋友，能够了解其动态之处，只有朋友圈。

所以看着时间一分一秒过去，你点开微信消息看看有多少评论，有多少个赞。点赞的多少和评论内容的好坏，极大程度地决定了你那一时半刻的心情。

我们大多数人，慢慢地就活在了朋友圈，痕迹由浅入深。这是一种时代症结，一点点消耗着真实的我们。所以，很多人只在朋友圈聊天，也逐渐习惯了这样的沟通方式。

走过观前街的沿河小道，我看到万家灯火逐渐亮起。

一个人走在清晨或者黄昏，朝阳升起或是夕阳西下，有风吹过来，在自由呼吸的夜晚，看月色朦胧或享受月光的温柔。

嗯，这些都是我喜欢的。

和朋友打电话，他是广告导演。

他说刚挂了几个案子，难得有空闲时间，想要约我聊一聊。我说“好”。

他说：“当广告导演真苦，辛辛苦苦做的案子，还要竞稿，要是品牌客户不买单，就没饭吃了。”我说：“你这么厉害，这份苦恼永远都不会落在你身上。”

他在电话里“扑哧”一笑。

他说：“当作家真好，可以随心所欲地写自己想写的故事，天马行空地写，自由自在地写，就像一个勇士拥有了一把开天辟地的宝剑，任由自己在这纷繁的世间挥舞。”

勇士吗？宝剑吗？是这样的吗？是这样的吧。

双眼若浑浊看不清真相，就会被现世的假象所迷惑。耳朵若被喧嚣堵住就会辨不清风声来自何方，就会在前进时慌慌张张地迷路。

只有那颗滚烫的、跳动的心，被我们重重包裹起来，用铜墙铁壁，用铠甲面具，用所有的小心翼翼。

期盼它还没被侵蚀浊化，期盼它还足够强大。

期盼它永远保有热情和真诚，期盼它用一份温热拯救冰冷的世界。

所以，大概所有的文字都是为了一颗真心所写。

它们时而像猫，在清晨自由出没，在傍晚时归家。

它们时而像剑，刺穿身上的伪装，撕碎残忍的糖衣。

文字工作者不是勇士，没有开天辟地的力量。但拥有文字，仿佛拥有九九八十一种超能力。不足以上天入地无所不能，却足够筑起一堵城墙抵御外来侵袭，隐忍又顽强地保护自己。

所以，我偶尔也会羡慕自己。

“我这个月没来大姨妈。”小Z给我发来短信。

我心里“咯噔”了一下，那不是“中奖”了的意思？

"你先稳住。找一家靠谱的医院，有事打我电话。"

我秒回短信后开始看近期工作安排，看日历、看机票，打算去陪她跨过这一道坎。

大概过了三个小时之后，她给我打来电话。

"你想多了，该不会以为我怀孕了吧？"

"不是？那还能是什么啊。"

"你个神经病。我忙到吐血，哪有时间谈恋爱。"

"那你怎么没来大姨妈？还这么久不回我短信？"

"刚才在忙没及时回。去医院检查，医生说我压力大，生活作息紊乱，导致内分泌失调，反正就是一堆让我改正生活习惯的劝导。"

"噢，那还好，那还好，没怀就好。"

"滚。"

小Z说："你可千万别熬夜了，把生活作息调整好，别黑白颠倒，这样下去，别说大姨妈来不了了，就是小姨妈都不来了。再说，你这么过，有意思吗？辞了工作来广州，我养你啊。"

"真的假的，那机票给我买好啊，巴不得不用工作有人养着。"

"那我可真买票了，到时候如果你不来，就打断你的腿。"

"行了，行了，不闹了。我好好工作，好好生活。你还是听医生的话，好好调理身体吧。"

"好，爱你。"

虽然她拥有一份高薪的工作（年薪百万，太有钱了），生活条件比一般人好得不只是一点点，好好养活自己和一个孩子压根不成问题。

可仔细想想更觉得可怕。条件优渥的人，都被工作生活压得内分泌失调了，那如我这等庸俗之辈，岂不是要日日活在恐惧和紧张之中。看比我优秀的人都还在马不停蹄地努力，而我还在碌碌无为地生活着。

惭愧啊惭愧。

但我写下这些并不是说我们现在的生活过得不够累，也不是要你把日子过得多艰苦疲惫，或是把自己逼得多么上进、多么努力才可以。我只是想说，无论我们多么平庸、多么上进、多么渴望成功，也要注意劳逸结合，照顾好自己。毕竟，身体真的是革命的本钱。

还有，别忙到没时间谈恋爱，青春易逝，再不爱就老了。

花样年华

许婧茹来到上海的那一年，正值二十八岁。

可许婧茹不会同别人讲起那些往事。

现在的她，烫着大卷发，化浓妆，一身牡丹刺绣的旗袍，穿一双大红色高跟鞋。那天的上海，下着小雨。她撑着一把黑色雨伞，提着一只卡其色的中号行李箱，随他来到这里。为什么要来上海，常有人这么问。她看着对方，笑而不语。

许婧茹总在清晨五六点醒来，也可能一整夜都没睡。她就穿着丝绸睡衣坐在窗前的真皮沙发上，缓缓地抬起头，然后把夹在食指和中指之间的香烟慢慢往嘴边送，吸一口，慢慢吐出烟圈。白色的烟一圈一圈飘出来，散在清晨的空气里，带点惨白气息，连房间的黄色暖光都盖不住，迷乱了人眼。她就这样痴痴地望着窗外的月季，一口一口地抽着烟。

是啊，为什么要来上海呢？千里迢迢从台北到上海，为什么呢？她也常常这样问自己。

但总是没有答案，也没有人告诉她。她索性就不想这么多，时间自然会让真相浮现的吧。不如就让它自行寻找吧。

许婧茹和别人说，自己是个诗人，一个整夜整夜晚睡的诗人。

从前她写台北的雨，三月清爽，四月缠绵，八月虚晃，十月凛冽。现在她写上海的月季，四月娇羞，六月浓烈。窗外那满院的月季，是许婧茹刚来上海的时候去花鸟市场买回来的，一株株不停繁殖，长了满院。花色有白色、粉色、红色，还有黄色。月季不像玫瑰那么娇气，不需要精心照料。它的自生能力很强，经得起风雨的敲打，也挨得住热浪的侵袭。

许婧茹喜欢月季，更多的可能是喜欢月季尤其像自己那般的性格吧。当初他要她来上海，说会在房子的里里外外都种满月季。她忽然想起，当年蒋介石为宋美玲种满了一整个南京城的梧桐。这样热烈轰动的爱情，她自然是不敢奢望。但一整院的月季，她还是想拥有的。所以她信了，她信了他的许诺，拿着他准备好的机票就这样漂洋过海跟了过来。

许婧茹还总说自己是个音乐家，是个夜深人静喝了酒才会歌唱的音乐家。她喜欢在偌大的房子里听十九世纪的唱片，爵士摇滚和披头士是最爱，偶尔也听听近现代流行歌曲。她最喜欢在雨天听*Rainbow eyes*（《你是我眼中的彩虹》）。她说，最怕朋克唱情歌，最慌金属动真情，这是一辈子的事情。

许婧茹喜欢雨，也时常怀念台北柔柔细细的雨。听说她出生时台北下着瓢泼大雨。

记得他以前总是会在雨天，乘坐最早或是最晚的航班，穿过大半个中国来看她。她到机场接他，看他风尘仆仆，看他眉眼里溢出的深情。他会给她带最好的酒，还有手工巧克力。她带他到台北的房子里，帮他脱下被稍稍淋湿的外套，挂在门口的原木衣架上。他出行不会带伞，这是多年的习惯。

她给他倒红酒，他自如地寻找喜欢的唱片，再轻轻擦拭一下然后放到唱片机里，按下拨片，开始播放。他最常选的，是经典的嬉皮士。她脱掉外套，只剩贴身的内衣，坐在沙发上点烟，看他倚靠在房间门沿，右手轻轻摇晃着红酒杯，一点点品味着这带点青涩雨味的酒。

许婧茹抬头看他，像往常一样问他："这次待多久？"他说："三天，回去有会议要开。"她把烟头按进烟灰缸掐灭，走向他并向他索吻。他一口喝掉杯中的红酒，随后混着酒味与她疯狂地接吻。她记不清这是第几场雨，又是他第几次匆匆地来。但她不管，他也不管。他们只管在湿漉漉的季节，尽情地享受荷尔蒙弥散在空气中的快感。

后来大概是台北厌倦了阴雨天，怎么都不下雨。有将近四五个月的时间滴雨未下。许婧茹就这么盼啊盼，盼雷雨至，盼他从雨中来。

八月的夏雨突然到来时，他再次来到台北。这一次，他说："只待一晚，隔天早上就回去。跟我回上海好不好？"她踮起脚尖，用手环住他的脖子，轻轻地问："上海会不会经常下雨？"他说："会，夏天的时候总是下，偶尔会让人厌倦。"所以她点头，简单地收拾了行李，关好房门，与他一同告别台北。

许婧茹在上海住的房子位于当时的法租界，武康路282号。住宅很气派，一栋老式的洋房，装修风格偏欧范儿。许婧茹很喜欢这个栖息地，喜欢这具有天然美感的存在。而她也知道，这意味着自己将要在这里度过很漫长的一段时间。但具体是多久，她不知道。

当时的法租界是上海有名的坐标地点之一，那里环境幽静、美丽，路上种有很多梧桐树，在春夏就会呈现出一片生机勃勃的景象，而秋末冬初的时候，路上则落满了黄色的叶子，别有风味。法租界地区，欧式建筑集结，复古、有味道，加上这里开了很多各式各样有格调的店铺，每一家都自带吸引人前往参观、消费的属性。所以许多外地游客若来上海游玩，一定都会前往那里游览欣赏一番。

许婧茹喜欢这里，无论是艳阳当空，还是阴雨绵绵，许婧茹都喜欢。她喜欢一个人走过家门口的斑马线，到对面的冰淇淋店买抹茶味的冰淇淋，喜欢在晴天的清晨五六点沿着武康路晨跑，路过咖啡店的时候买一杯热的卡布奇诺。许婧茹喜欢下雨的时候把窗帘打开，拉上白纱，阴暗的天色勉强透过白纱照到房间，配上唱片机放出来的旋律，有时读读书，有时什么都不做，就一个人静静地听雨。

许婧茹喜欢雨天，是有原因的。

因为只有雨，才能留住他。

至少，以前是这样的。

许婧茹还养了两只猫，一只白色的加菲，一只银渐美短。“为什么要养两只呢？”有人问她。“因为怕一只寂寞。”许婧茹是这样回答的。当初刚到上海，他说：“要不给你买只猫，平时我不在的时候也能陪陪你。”许婧茹点头，说：“你做决定就好。”许婧茹喜欢猫，可是她讨厌给猫剪指甲，因为它们总会抓伤她。后来她索性拿去宠物美容店让人家帮忙修剪。许婧茹以为，有猫的陪伴，自己也许能缓解点孤独，可后来她发现，猫是愈发能加深孤独的一种特殊存在。“所以啊，为什么要让我养猫呢。”

许婧茹觉得自己很富有，有满院的月季，有两只可爱的猫，有夹在食指和中指之间的香烟，有倒在白色马克杯里的美式冰咖啡，还有在透明高脚杯里摇晃的红酒。她有着一切作为生活在上海的上层人士的物质标配。可许婧茹有时又觉得自己一无所有，她来上海，不是为了这荣华富贵、山珍海味，为的只是当初那个要她从台北到上海来一起生活的男人。可命运总是和她开玩笑，那个男人呢，如今也不知道是多久没来了。

许婧茹厌倦了这种遥遥无期的等待，一年又一年，他的承诺像泡沫，全都一个个破碎在阳光下。她还是贪心的吧，毕竟谁愿意永远只做一个需要躲在金屋里的娇娥呢。她想要和他结婚，成立一个完整的家庭，随他出厅堂，为他下厨房。可许婧茹也知道，从一开始就下错了棋，不可能赢得了，且落棋无悔。但许婧茹厌倦了这样贪心又不甘的自己，也厌倦了这种游魂般的生活。她想离开上海，回台北。

许婧茹收拾行李的时候发现，她酒红色的风衣里，落了一张前年他们俩一起在伦敦过圣诞节的合照。照片里，他穿着卡其色大衣，戴金丝边眼镜，搂着她亲吻。她穿着绸缎的大红礼服，映照着节日的喜庆。那个伦敦的圣诞夜，热热闹闹的，他说着甜言蜜语，她侧耳倾听。只不过两年，却仿佛过了两个世纪。今年的圣诞节，他不过是打了一个电话，和她说了声“节日快乐”。

许婧茹看他空间里晒着他一家的合照，妻儿美满。他选择的，终究不是她。

许婧茹从来都不喜欢勉强自己，也不喜欢将就。原本以为有所期待的事情，如今落得一场空。要强的她，也容不得自己再隐忍、委屈地活着。她不要苟活的爱情，也不要泡沫般的享乐。她只不过想要一种陪伴，那种穿越大半个中国的雨千里迢迢为她而来的陪伴。

如今，怕是难了。所以许婧茹决定识趣地结束这场空欢喜。

她整理好行囊，收拾好自己。画好浓妆，穿上一身牡丹旗袍，撑一把黑色雨伞，打了一辆的士，在上海十二月的冷雨里奔向机场。许婧茹没有告诉他，也不想告诉他。因为他没有资格挽留，也没有勇气随她一起走。所以许婧茹干脆选择洒脱地离开。

许婧茹起飞前，给他发了一条短信：程又一，爱了你三五载，够了。彼此珍重，勿扰。

许婧茹真是无比怀念台北的雨啊。

这一年，她正好三十三岁。

FOUR

强大，
让软肋变成盔甲

爱是细微点滴，全在岁月里沉淀

我很少提起我的父亲。

他是一个老实人，像所有为生活起早贪黑默默努力生活的普通人一样。

我的父亲生于二十世纪六十年代的大家庭，这里的大家庭不是指家境富裕的有钱人家，而是指人口众多的家庭，兄弟姐妹很多。父亲眉宇普通，身材中等，不算高大。他读书成绩很不错，但由于弟弟们读书成绩都很好，继续接受教育的话都能出人头地。所以为了弟弟们的将来，父亲初中就辍学打工。少年时，他扛液化瓶、送矿泉水，在隔壁县城蹬过几年三轮，也做过家装工人。只要能挣钱供弟弟们上学，父亲啥苦都愿意吃。那个憨厚的父亲，在小小的年纪就接受了来自生活的百般磨砺，过早地承担起父辈们的责任。

一直以来，对于普通却伟大的父亲，我始终怀着无尽的感激和敬佩之情。在我眼里，父亲是像高山一样的存在。

某一年春天，父亲和母亲相遇在他打工的乡镇。两人心意相和，在众人的祝福下组建了家庭。不久之后，在母亲的鼓励下，父亲重新拾起缝纫这门手艺。两人合作，你制图，我裁剪，做出很多衣服，也卖过旗袍。再年长一些，父亲考到了驾照，跑起了长途，这一跑就是很多年。

当经济条件好一点的时候，我们一家人从乡村搬到了城市。开始是租着狭小的出租房，过着比较拮据的日子，但也其乐融融。后来攒了一点钱，建起了自家的房子，一共三层高，有很多房间。总觉得，好日子在慢慢到来。我们几个小孩子也从民办学校进入了师资力量比较好的学校就读，拥有了相对较好的学习环境。小时候因为贫穷只能每天捧着叔叔买的《一千零一夜》反复阅读的日子，终于彻底改变了。

贫穷压弯了父母亲的腰，却从未让他们屈服。所以他们从黑暗里摸索光明，从艰苦里寻找希望，一点一点地努力，未来可期。

在我十五岁那年，不记得具体是在哪一天，天气怎么样，下雨还是刮风。只记得那天我们一家人围坐在一起吃饭，父亲坐在最里边，他倒着最爱喝的米酒，突然笑得很苦涩地对我们说："我没办法给你们几个兄弟姐妹特别好的生活条件，可是我已经尽了最大的努力。希望你们能理解。"我们，忽然集体沉默。母亲给弟弟夹菜，姐姐低头扒饭，我看看母亲，又看看父亲，心中的难过忽然就铺天盖地而来，像洪水猛兽撞击着那一瞬间的沉默。

我想上去抱抱我这个逐渐老去变得越来越沉默的父亲，想告诉他，我们从来没有怪过他。也许曾经有过对生活的不满，有过对命运不公的抱怨，可从未责怪过尽心尽力呵护我们成长的父母双亲。可我只是呆呆地看着父亲，一句话也没说。

后来母亲起身收拾饭桌，她穿着围裙、戴着手套，默默弯着身子洗碗刷盘。碗筷碰撞的声音，客厅里电视机的声音，楼下孩子嬉戏的喧闹声，父亲叹气的声音，都留在了那一天。

如果可以，真想再次回到十五岁的那一天，好好地去表达对父亲的感恩和爱意，而不是像当初那样选择逃避。可是不能。我们只能顺着时间慢慢长大，长大到懂得去理解生活给了自己什么，剥夺了什么；长大到我们开始懂得为曾经的逃避感到愧疚；长大到你不再隐藏内心的想法，不再吝啬对身边重要的人表达爱意。

父亲越来越老，他的肩膀再也扛不住生活的重压。在我步入大学的第三年，父亲的风湿就变得很严重。医生说是由于之前车祸造成的创伤没有根治，所以每到阴雨天，父亲就疼得没办法去工作，有时候连下地走路都觉得困难。再后来，父亲由于疼痛难忍身体行动变得不利索，便辞去了工作。他开始变得沉默，不愿意和别人交流。母亲说，当一个男人作为家庭的顶梁柱却在某一时刻失去了这个作用，无法继续为其家庭作出贡献和努力时，他是无法接受这样的自己的。

那一刻，我才突然意识到，原来父亲真的老了，他老到开始害怕自己的人生失去意义和价值。

“你觉得什么时候最没有安全感？”

“想到有一天爸爸妈妈终会变老，而我将会在某一天失去爸爸妈妈。”

2015年7月10号，我在朋友圈写下这句话。那是我失去叔叔的第六个月，我害怕死亡再一次降临到这个普通却艰难的家庭，我不想再一次体会离别的痛苦。所以，我害怕失去父亲和母亲。

其实大多数人都是在自作聪明地活着，以为来日方长真的存在，以为下一次之后还能有下一次，觉得多见一面少见一面无关紧要，反正不是最后一面。当真正的离别摆在面前时，他们却拒绝接受和面对，哭喊着上帝的不公，开始后悔之前的不珍惜。而这其中，就有我。直到经历了叔叔的去世，父母亲的老去、病痛，我才真正意识到生命的短暂和宝贵，才明白珍惜眼前人的道理。所以，尽孝一定要趁早。

毕业后，我一个人辗转去了几个陌生的城市，不想被命运驯服，不想被这个世界同化，想去寻找梦想和自由。可当我站在陌生的车站，看着城市的人来人往，好几次在拥挤的人潮里哭红了眼。后来才明白，如果不够坚强和勇敢，如果不够努力，无论是爸妈还是其他重要的亲朋好友，那些你最珍惜、最在乎的人，都无法守护。

当我终于选择了一个城市努力工作时，父亲给我打了一个很长的电话。他向我表达祝贺之情，向我传授为人处世的一些注意事项，更向我表达了对我在陌生城市漂泊的担忧。我向他撒娇，说："如果我真的待不下去了，可不可以回家让你养我一辈子。"父亲说："这是什么话，你想回来当然可以回来，千万别苦了自己。"

父亲用了好多年的老式手机终于坏了，他用母亲的电话给我打电话，电话那头他憨憨地笑着说："要不也学学怎么用智能手机？"我用上个月刚发的工资给父亲买了一部智能手机，价格不贵，但对于父亲来说应该够用。后来父亲把手机拿到商场，让卖手机的小姑娘帮忙贴膜时，心里乐呵得很。买回新手机的那天晚上，我帮他装上了微信、爱奇艺、土豆视频、虾米音乐等APP，还给他申请了微信号，教他怎么用微信和我们联系、交流。

他坐在沙发上，按照我的指示一步步操作着，一双小眼睛盯着屏幕，像个孩子一般。他听一遍、两遍不懂，我就教他三遍、四遍……很多遍，直到他学会。无论他重复地问我多少次一样的问题，无论他的问题在我看来多么简单，我都会认真、耐心地回答他。过了些时日，他终于学会了用微信，也开始给我分享那些朋友圈广为流传的文章：养生保健的、修身养性的、危险警惕的。再后来，他开始用手机看视频，再也不和我妈抢电视了。后来，他给家里那辆小车连上了蓝牙，时常放着邓丽君的《女人花》和李宗盛的《山丘》。

现在，我想他的时候，只要打开微信，就可以听到他的声音，看到他的样子。这真是一件令人幸福的事情啊。

父亲平时没啥爱好，就喜欢喝点小酒。

梅雨时节，我会在午后陪着他去采摘些杨梅、桑葚，酿制一些杨梅酒、桑葚酒。父亲还喜欢喝葡萄酒，所以也跟着视频学着制作葡萄酿。父亲偶尔会系上围裙炒上那么一两个菜，再拿出颜色深沉、味道纯正的小酒饮上几杯。这些时候，都是他最惬意开心的时候。几杯酒下肚，那张日渐老去带着些褶皱的脸上就会显出微醺的醉意。

我喜欢这样的父亲，他简单，且容易满足。

既想看一场雪，又想要一阵风

从小到大，特别喜欢下雪天。

作为一个两广地区的南方人，落大雪的冬天，特别是山上、地上、树上、屋顶上都被积雪覆盖的冬天，是极其少见的。

一个亲戚，我叫她表姐。她从小就比一般人长得高，性格也爽朗。读大学时，她谈了个北方的男朋友，男生家在黑龙江——松花江边。快毕业时，她说要随男方去黑龙江，全家七大姑八大姨意外地形成统一阵营，齐齐反对。大舅说，你打小生活在南方，零下的天气都少见，这一去就是零下二三十度的地方，受不了，受不了；二姨说，还是家乡好，环境适宜；外婆说，太远了，舍不得，还是找个南方的男生过吧。

表姐说一不二，后来还真的嫁到了黑龙江，一年回一次家。小时候我也偶尔去北方远房亲戚家过个冬，看见漫天大雪就会开心地大叫，屁颠屁颠地往雪地里扑腾，打雪仗、滚雪球，一点儿都不觉得冷。现在表姐每到冬天就邀请我们过去玩。外婆说："看来北方也有北方的好，在南方难得一见的雪，在北方年年可见。"

但我很少去表姐家，因为怕冷，特别怕。我从小体质和别人不一样，平日手脚冰凉，这些年我都是靠着相信自己上辈子是折翼的天使活过来的。一到了冬天，每天都冻得人发抖。出门必须穿雪地靴、加绒裤、大毛衣、厚外套，里里外外包得严严实实的，恨不得把一衣柜秋冬的衣服都套身上，甚至也想给眼睛找块布盖上，所以在冬天我会变得特别特别懒。

2017年12月，我们去北海道小樽拍摄。

电影《情书》里的小樽，一到冬天就聚集着各国游客。那里有踩上去就会发出声音的皑皑白雪，有落满积雪的屋顶和车站，有音乐礼堂，这里有故事、有味道。赏雪本该是一件十分令人期待的事情，可是太冷了，我开心不起来。

在平安夜抵达小樽，住的房间在酒店的高层，有一面很大很大的落地窗。从窗户望出去，是被积雪覆盖的城市。夜晚的时候，家家户户亮起灯，像星星，一闪一闪的，美极了。在这样的地方迎接圣诞节，是一件值得被记录的美好事情。但这种美好在第二天就不见了，外面风大、雪大，列车都停运了。即使我们出门全副武装，不到一分钟全身也会被大雪覆盖。别说长时间拍摄了，真的就连掏出手握相机的勇气都没有。

后来的十几天里，每天不盼星星不盼月亮就盼着出太阳，真想像夏天一样晒着太阳晒到毛孔张开，大口呼吸，晒到空气中的尘埃纷纷跳落到身上。但是没有盼到，窗外依旧是满世界的大风大雪。结束工作后，每晚都要烧开水，烫着嘴烧着心喝下去，喝完才觉得整个人暖暖的，好像又活了过来一样。

记得有一天我们结束拍摄后要去吃火锅，但没提前预约，临时排队要排两个小时。几个人饥肠辘辘地站在门口，不知道是等还是不等。后来觉得实在熬不住，大家决定狠狠心顶着鹅毛大雪去转转找一下，兴许还有其他家。但理想是美好的，现实是骨感的，我们足足吹了半个小时的冷风，也没找到第二家火锅店。最后集体妥协去吃了一家网上评分挺高的日料店，这家日料店据说每天只采用最新鲜的材料，限量，所以人多，上菜也慢，我们太冷、太饿了，上的菜来一碟空一碟，吃完了，除了稍微填点肚子，并没有多大的饱腹感，还是觉得发冷。

回酒店的路上，看到一家便利店。我们齐声说：“不如去买点火锅底料，自己回酒店涮火锅。”你看啊，冬天就该吃火锅，水煮沸了，热气扑脸，带着一股锅底味。朋友两三个，你夹一块牛肉，我涮一片羊肉，一会儿放片虾滑，一会儿煮块土豆，芝麻、油茶、海鲜辣酱碟碟香，想想都美滋滋的。

其实，我们也不是多爱吃火锅，只是冬天吃火锅这件事，似乎已经成了一个过冬的标配，就像夏天就该吃甜甜的西瓜和冰激凌一样。大家结束了工作，约好聚一起，热热闹闹的，图个氛围。

所以人都是贪心的物种，既想要看冬天的一场雪，又想要夏天一阵温热的风，真是又想吃火锅又嫌风雪多。

回国后，苏州的天气让人感觉太舒服了。脱掉厚重的羽绒服，躺在舒服的房间里，像是重生了一般。晚上接到表姐的电话，她说要是今年工作结束得早，不妨去东北玩一圈，到时候一起回家过年。我花三秒钟想了想，还是算了吧，北海道的雪已经够大、够冷了，我太怕冷了。

表姐在电话里说："你不是特别喜欢雪吗？我可记得你小时候看见雪开心的样子。怎么长大了就不喜欢啦？"我笑着说："当然不是不喜欢，是今年份的喜欢已经用掉了。来年的只好等来年再喜欢，你说是不是？"

我想，对落雪的喜欢，不论过了多久也是不会变的吧。说不定哪一天，我能克服对冷的恐惧，像表姐一样，嫁给一个全心全意对自己的北方汉子。那时候，那份喜欢，应该早就变成爱了吧。

爱上那漫天的大雪，爱上那个陪你一起看雪的人。

永久地告别夏天

倪虹找到范真的时候，他正在河里游泳。

“范真，范真，快回家，爷爷死了。”

“哦。”

“你快点啊。”

“啥？你刚说啥？爷爷死了？”

“嗯，死了，刚刚。”

“啊？”范真恍然大悟的那一刻，“哇”地一声哭了出来，惊慌失措地爬出水面，也顾不上穿衣服，像脱缰的马一般跑进村头的那抹黄昏斜阳里。

“爷爷死了，爷爷死了？怎么可能？他妈的，你们一定是骗我的吧？？？！！！出门前爷爷还坐在葡萄架下和村里的老李下棋，还千叮咛万嘱咐要我按时回来吃饭……”范真奔跑的时候，出门前的影像记忆犹新，这让范真觉得一定是倪虹在跟他开玩笑，在搞恶作剧，因为前两天倪虹打小报告，害他被爷爷训了一次，所以他骗倪虹，说她家的老土狗被人打死在村后边的山坡上，吓得倪虹哭着直奔山头。

他以为这只是倪虹的复仇，肯定不是真的。

可当范真跑到离家还有八百米远的时候，哭天喊地的声音就穿耳而来。视线里的远处，很多人在他家门口进进出出，那只天天趴在门口的老柴狗，都不知道去了哪儿。这一切都太真实了，好像真的出大事了。范真跑着跑着觉得呼吸声越来越急促，好几次差点摔成“狗吃屎”。他一刻也不敢停地往家跑，汗水一下子打湿了他的整个后背。范真的脑袋里一片嗡嗡声，乱糟糟的，他什么都听不到了。

一扑进家门，范真整个人就硬生生傻掉了。

范真的爷爷平躺在客厅的大床上，身上盖着一层白布，床边围着一圈又一圈人。范真使劲推开人群跪倒在大厅前，他用那双颤抖的手猛地掀起白布，看着爷爷惨白的脸。突然他紧紧地抓住爷爷的手，什么都没说，眼泪硬是憋在了眼眶里。他就这样保持了很久，久到他有些恍惚，觉得这很不真实。

范真不懂啊，爷爷怎么能说走就走了呢，爷爷的身板不是还挺硬朗的吗？这暑假还没过完啊，说好的教下棋还没学就……范真妈推推范真说：“孩子你别这样，让爷爷好好走。”范真“哇”地一声哭了，哭喊着："为什么要让爷爷走啊，不走不是更好吗？为什么走啊……"

后来范真离开家，一个人跑到了村后边的山坡上，然后从坡上滚下去爬上来再滚下去。他满身杂草，脸和手臂被草划得有点泛红。他觉得家里太压抑了，压抑到好像会"吃人"。在月亮爬上山头时，倪虹找到了范真。她安静地坐在一边，低头看着范真继续这么一圈一圈滚着不说话。

"倪虹，你说，爷爷是不是真的死了？"

"嗯，死了，身体都冷了。"

"哦。"

"你今晚回不回家？"

"不了，我想在山上待会儿，你回去吧。"

"我陪你。"

那一晚，一轮明月嵌在天空，周围的云朵柔柔的。风从山的另一头吹过来，那些树呀草呀不时地晃动着。他听到尘埃在空气中炸裂的声音，他看到月色渐渐覆盖整片大地，从山头到村头，一点儿一点儿，让这个世界变得极其安静。

倪虹一会儿转过身去看范真，一会儿背过去咬着手指头。他一夜没睡。在天边逐渐露出亮白的时候，她用手轻轻地摇了一下范真："你明年还会回来吗？"

范真摇摇头说："我不知道。"

范真看着星空，一瞬间想起了很多很多事情，多到想一瞬间把所有的时间都锁住，害怕它们天一亮就都溜走了。

范真虽生活在城市，但他觉得自己属于这里。他是被爷爷奶奶一把屎一把尿拉扯大的，他的童年属于这里的每一片天空、每一寸土地以及每一道清风。他爱着这片淳朴的土地，他知道家门左转一百米的小溪里有什么鱼，他知道六月的蝉鸣什么时候最吵，他知道每隔三天出现一次的集市哪家卖的酸奶最好喝，他知道奶奶需要走多久才能到达种果树的山坡，他也知道爷爷每次下棋要下多久、晚上又要喝多少酒。他都记得。

他记得小时候的自己不怎么讨奶奶喜欢，属于行为上总是讨打的类型。

奶奶很喜欢熬南瓜粥、红薯粥，通常会作为早餐或者是雨天的必备品。范真经常在奶奶煮粥的时候捣乱，比如加上一些倪虹不吃的香菜啦，酱油啦，有时候还偷偷撒把盐。奶奶抓到好几次，他还死不承认，非说是奶奶自己放了不记得了，气得奶奶拿起鞭子追着他打。奶奶永远不知道缝补衣服的针线盒被范真藏到了哪里，菜园子里的韭菜呀，西红柿啊，总是被范真和那条老柴狗鼓捣得一塌糊涂。奶奶生气的时候，范真一点儿也不害怕，反而觉得很好玩，他淘气的次数越来越多。

范真不爱学习，作业本、试卷上永远是红红的59分，你还真别说，就59分，离及格只差一分。可倪虹学习很好，每次考试都是好成绩，这样一来，总会引来奶奶一顿唠叨。那时候的范真总在想，如果只有他一个人寄养在爷爷奶奶家，奶奶应该会喜欢他吧。可偏偏叔叔家那个比他小一岁半的乖孩子也被寄养在这里，功课门门优，衣服天天干净整齐，两个辫子梳得光光溜溜的，说起话来奶声奶气，奶奶把她宠得跟公主似的。对，她就是倪虹，那个抢走范真一半童年疼爱的女孩。

很多时候因为斗不过这个小丫头片子，范真心里觉得委屈又不甘。学电视里搞绝食抗议，没成功；逃学示威，被爷爷抓回来打到哭；最后一次鼓足勇气和老柴狗离家出走，在村后边的山坡上睡了一晚，第二天被同村的老人带回家，看到爷爷一个人坐在门前的石头上抽着闷烟，看到奶奶哭红的双眼，范真忽然就长大了。

奶奶也是喜欢他的吧，他是这么想的。

范真记得，那些天气好的日子，爷孙俩是闲不住的，他俩总能想出点有趣的过法。爷爷爱游泳，范真就穿着大裤衩和他去不远处的河里游泳，回家时再顺便抓点小鱼小虾，晚上炒几个菜。或者清晨露水刚消失时，和爷爷绕过山头去树林里找点野生的果子，偶尔还能碰到一些有趣可爱的小动物。三月的桃花一点点开遍村头村尾的时候，爷孙俩喜欢在空旷的田野里放声歌唱，偶尔唱个《在希望的田野上》，偶尔也唱《桃花红》。村里人说，这爷孙俩过得太有滋有味了。冬天的南方，总是湿冷湿冷的，没有暖气，爷爷家也没有空调，所以天气冷的时候，奶奶会架起炭火，然后在炭火里烤几个香喷喷的地瓜、土豆。但每次最大的那一个总会被奶奶拿去给妹妹倪虹。范真不服气，嚷着叫爷爷评理。作为补偿，爷爷就会给范真煮一碗热乎乎的姜糖水。

范真说，小时候的河水啊，澄澈无比，鱼虾随处可见，河边的芦苇荡着荡着，一不小心就荡到秋天。他在山坡上度过了一个又一个夏夜，看遍春夏秋冬的月色，仍旧数不清天上的繁星。他做了一个又一个光怪陆离或小心翼翼的梦，梦里的他时而勇敢，时而调皮，开心无比。这个地方，承载了太多温暖的时光。其中有被爷爷扛在肩头的幸福，也有不知天高地厚的勇敢，有奶奶的唠叨，也有古灵精怪的倪虹每日同他的打闹，还有每一年夏日吃不完的大西瓜和葡萄。

范真是喜欢这样的童年的。他喜欢这里，喜欢这里的花草树木，喜欢这里的所有人，包括那时天真无邪的自己。

九岁的时候，爸妈来接范真，他要离开这里回到城市的家了。范真舍不得爷爷奶奶和倪虹，所以他坐上回城的汽车时，悄悄擦着眼泪。很多次，他把属于这里的回忆写在记事本里，他请求爸妈每个寒暑假都让他回这里看望爷爷奶奶。所以每一年，范真都会趁着寒暑假从外省赶回去陪爷爷奶奶，这样的时光一晃三年又三年，从没间断过。

范真十八岁高中毕业，那一年的夏天是他人生中不平凡的一个夏天。他没有去所谓的毕业旅行，也没有和朋友成群结队去唱歌、去吃大排档，而是从遥远的外省赶回老家，只为继续重温小时候朴素却美好的夏天。

可七月还未过去，八月却再也不会来了。这里的故事，再也不会继续了。

倪虹突然转过身望着范真，紧紧地抱住了这个埋头抽泣的男孩。她知道，他是再也不会回来了。至少，从前的范真再也不会回来了。

也许很多年以后，他仍会记得那一晚流过的眼泪，记得天亮时倪虹给他的拥抱，记得那个炙热的夏天里的离别。在那片随风摇荡的芦苇丛里，风声渐大，繁星不再爬上山头，而他的爷爷，在那个夏天，永远地离开了那一片土地。

如果我们每个人都必须经历一些离别才能学会长大，那就让我们学会告别吧，学会接受成长。

九月的桂花香已经飘满全城，只要一打开窗户就是满满的凉意和花香，空气里都是家乡的味道。你看，这个夜晚，有人在古槐下谈情说爱，有人在遛着金毛狗，前面亮起的路灯下，还有个卖花的姑娘穿着宽宽大大的校服……

你呢，在想什么？

心有千千结——三叔

至今，我写过很多故事，提及过很多人，但始终无法提及他。

而今，我决定动笔，不用任何修辞地写写他的故事。

2015年1月22日下午3点，三叔于家中去世，享年45岁。

那天，我和母亲刚买完家具准备回家。路上母亲接到父亲打来的电话，短短不到10秒钟，母亲泪流满面。她颤抖得说不出话，只是转头看着我。我仿佛能感受到母亲的心痛，从她颤抖的身体和忽然不知所措的言语中。她哭着告诉我："你三叔过世了，我们赶快回家。"仿佛晴天霹雳一般，大脑瞬间一片空白，还来不及哭我就晕倒了。

醒来时我在家里，母亲在一边守着，依旧泪流满面。我挣扎着起来，不想说什么话，我只想去三叔家。我想见见三叔。

三叔家在财政局新建的家属小区5单元6楼，最顶层，没有电梯。自从他身体有恙就搬到了那里，每日上上下下走楼梯，只为锻炼身体。我到他家的时候已经是晚上八点多，整个小区黑灯瞎火的，全部停电，不知是时机巧合还是冥冥之中注定的。三叔家的门紧闭着，可是我站在门口能感受到迎面袭来的黑压压的气流，压得我有点喘不过气。我们推门进去，跨过玄关走进客厅，看到躺在客厅的三叔，他身上盖着被子。屋里有很多人，来不及认清谁是谁，我走到叔叔跟前双膝跪下，无助和绝望冲上心头，恐惧和悲伤从胸中爆发。

就像断片一般，我听不见周围的任何声音。哭声、脚步声、说话声，都听不见。我紧紧地握着三叔的手，他冰冷的身体传过来的阴冷仿佛能穿透骨头。家里老人们劝我说："孩子你别这样，让你叔好好走。"但我就是不想放手啊，因为我一放手就永远也抓不到了啊。我努力搓着三叔的手，想让摩擦的温度传到他的身上，那样他就不那么冰冷了。大人们都拉我走，劝我不要这样做，可我停不下来。

我的父亲，就在我背后，跪在地上流着眼泪。他的难过让他来不及擦掉眼泪。我从来没见我的父亲哭过，从来没有。但那一刻，他的眼泪一滴滴急匆匆地落下。不知过了多久，我的眼泪好像已经快干涸，流不出来了，脸部的肌肉慢慢开始有些抽搐。大概晚上十点多，我看见殡仪馆的人和家族里的人，以及叔叔的朋友同学，他们围在一起商量、安排着各项事宜。而我的弟弟，三叔唯一的儿子，躲在自己的房间偷偷地哭，不敢哭出声。婶婶当时无法接受这样的现实，依旧处于昏迷状态。我从弟弟背后轻轻地拥抱他，什么话都没说。

母亲轻轻地走进房间，哭着告诉我们："孩子，快出来，你们要去殡仪馆守夜。"我知道，这一生我是再也无法靠近疼爱我的三叔了。悲痛再次汹涌袭来。

那一夜，这个南方小城的风特别大，天特别冷，带着冬末的寒气。父亲等几个兄弟和三叔的朋友们，惋惜着，继而沉默着。我们几个孩子安安静静地坐在一条长凳上默默守着，不时点燃香蜡，不时焚烧纸钱，无声地流着泪。好像自打入冬以来，就数那一夜最冷、最漫长。

三天的守灵过去后，是追悼会。

三叔一生为人忠厚善良，施下的善举也遍布各地。追悼会那天，整个殡仪馆里里外外都挤满了人。悲乐奏响的瞬间，内心的裂口再一次被撕开，仿佛要喷出鲜血，难受得快要停止呼吸。怎么办啊，实在太沉重了啊。

最后一次看到三叔，是默哀完毕亲朋目送最后一程的时候。他化着淡淡的妆，却遮不住死亡的气息，那种灰黑的沉让人窒息。当所有人一一握着我们的手告诉我们要坚强、节哀顺变的时候，真想倒头就这样睡过去啊，像做梦一样，希望这一切都不是真的。我睁开眼还能和三叔说说笑笑，告诉他发生在我身边的事情，他爽朗的笑声依旧那么温暖。头七已过，沉重却从未抽离。父亲、母亲作为大哥大嫂开始安排其他的事情，婶婶的状态一直不好，弟弟也带着悲伤回到了学校，继续读书。他走之前对我说："姐，我会像个男子汉一样，代替爸爸照顾好妈妈。放心。"想哭，但我没有，只是再次轻轻地拥抱了他，像个大人一样。

爷爷过世的时候，我告诉自己，要逼着自己学会接受和面对。但现在又要再一次逼迫自己，把内心的裂缝一针一线缝合，太难了。人的一生究竟要接受多少次分离才能习惯伤痛，也许永远都不能吧。

距离叔叔去世已经有四个多月，冬末的寒风本就无法抵挡夏日的温热，所有的生活都已经重新开始。

可我还是没能接受这个事实。我试过用所有的方式去平复这些刻骨铭心的痛楚，我也努力告诉自己要坚强，可我仍旧日日有所思，夜夜有所梦。

母亲说，也许此生你再也无法安眠，因为遗憾，因为愧疚。

对，在所有无法言说的悲痛中有着更为沉重的遗憾和愧疚。母亲最懂我。

婶婶说："你叔对你真的比亲生女儿还好，每年你一放假回来，你叔最开心了。每次放假前几天他就开始盼着你来看他了。你要回学校的时候，他又开始有点失落。这几年他老念叨，说你看他的次数比以前少了好多，他总安慰自己说，孩子大了有自己的事情，忙点可以理解。可现在呢，你连他最后一面都没看到，他就带着遗憾离开了这个世界……”

我不知道怎么回话，也不敢直视婶婶的目光，心里很难受。

如果我以前多给三叔打打电话聊聊微信多好啊；如果我一月份放假时一下飞机就去看望三叔多好啊；如果三叔去世的前一天和我通电话时，我没说过两天感冒好了再去看他，而是直接去看他多好啊；如果没有人世两隔多好啊。我再也没有办法为自己的惭愧和内疚辩解。这份深深的愧疚与遗憾将永久地埋在我心中。

后来我无数次和父亲谈话，每每一提到三叔，父亲总是哽咽得不行，我也总是默默地流泪。父亲总叹着气说：“这么好的一个人啊，怎么就这么走了，真是太不公平了啊。”我亲爱的父亲，我懂你失去手足的痛苦，可我们总得接受命运的无常。

三叔于我而言，如同父亲。

小时候，三叔就很关心我的学习和成长，所有的课外书都是三叔一本一本给我买的。初中三年，每次的家长会都是三叔去的，每一次成绩单的签字也都是他替我父母签的。每一次我获奖时，他比我父母更开心；每一次状态低迷时，他比父母、老师更担心。他就像那参天大树，像一个盖世大英雄存在我的生命里，一路陪伴，一路呵护。我想，这些年如果没有三叔的苦心栽培和关怀，也许我早已和那小城镇农村的姑娘们一样，高中毕业就外出务工，草草地结婚生子忙碌一生。

我十分感激这一生有三叔为我所铺就的路途，让我不甘于平庸。就像婶婶说的，他待我如亲生女儿。

大学毕业后，我回到南方，在一座小城市里打工，住着出租屋。每天早上七点起床，煮粥泡茶，收拾妥当，步行到两公里远的公司上班。公司有着不错的办公环境，还有喝不完的茶水。忙碌的一天，大概在晚上七点左右结束。下班后，和小姐妹步行到超市买菜、回家煮饭，然后泡一杯咖啡，洗澡，躺下听歌，看书，睡觉。开始的时候我曾抱怨工作辛苦，想要逃避并重新选择，但每当想起三叔的良苦用心，我就不好意思做一个逃兵。

母亲也常说，万事开头难，只要坚持下去，一切就会慢慢好起来的。或许吧，努力的人，生活怎么会亏待他呢。

2015年4月，我前往北京，在偌大的北京城里，站在人海车流中，我就像一粒微小的尘埃。在北京，我每到一个地方都会拍拍照，然后发给三叔，也时常把想说的话发给他。在那七天里，我给三叔打了四五个电话，想亲口告诉他我在北京看到的风景和遇到的人，但电话那头传来的声音永远都是“对不起，您所拨打的用户已关机”。

2015年5月20日，大学毕业论文答辩结束。我离开西安，车子一路摇摇晃晃。我按着手机编辑了一段很长很长的文字，然后按了发送键，对话框是三叔。我想，我就要离开这个地方了，离开这个三叔为我选择的地方，也许再也不会回来了。所以，我要郑重地告别，和这里的一切告别，和三叔告别。

2015年5月30日凌晨三点，电闪雷鸣之后下起滂沱大雨。落地窗旁，蹲坐在角落的人，孤孤单单，看不到她的脸，却仿佛能听到她在大声哭泣着、呐喊着。雨越下越大，孤独感越来越重。

三叔，即使一个人上路，即使困难重重，我也可以克服，我会努力奋斗。可遗憾的是，你再也看不到了。

三叔，时至今日我还仍旧在坚持写作，即便只是一些零零散散的文字，即便没有拥有众多读者，我也在坚持写着。因为我知道，你也想看到我努力的样子。

三叔，愿天堂夏日清凉冬日温暖，愿爱与光常伴你安眠。

我想你。

母亲最温柔的表达

心情糟糕，想给母亲打电话。

母亲和我聊起家常，试图缓解我的生活压力。

“不要过多发愁今晚吃什么菜、喝哪种酒，饭点到了，刚好想到什么就吃什么。更不用去担心明天是否下雨，需不需要带伞。晴天晒太阳，雨来了撑伞，愁什么呀，傻不傻？”

“如果心情实在不好，切记不要伤害到身边的人。”

“好，我注意。”

可能多数的烦恼并非真实的存在，只是我们人为地捏造了它们，却还乐此不疲地瞎嚷嚷。

“你这样超没劲，一点儿都不酷。”

很奇妙，每逢阴雨天，母亲总会打来电话。

母亲打头第一句便是：“我闺女今儿喝粥了吗？”

我恍然才记起今儿是腊八。“喝了，喝了。”赶忙撒了个谎让母亲心安。

其实我想和母亲说，这异地他乡的粥啊，喝再多也没什么意义。

“我昨晚做梦，梦到你小的时候，好像七八岁的样子。腊八了，叫我熬粥。粥熬好了，你咕噜咕噜地喝了好几碗。那开心劲，我好久没见了。”

“哈哈，那要是过中秋节还不得吃个月饼啊。哪来这么巧的梦。”你看，母亲总是这样可爱。

“听说你最近身体有些不太好，打针吃药没？要是工作不忙可以回家，妈给你调理调理。”

“别担心，没事。过阵子忙完就回家。”

我知道母亲不是医生，自然治不了诸多毛病。但母亲有颗爱我的心啊，那便是一剂最贴心的良药。

我们总爱对那些重要的人说来日方长，可真的是这样吗？其实不是啊，时间一晃就过去了。

母亲挂了电话，我心里万分惭愧。

在日本北海道拍摄，身处异国他乡，十分想念母亲，便给她打了一通电话。

母亲说，家乡气温时高时低，最高二十几度，穿着夏天的短袖衬衫，路上行人有的还穿着大短裤衩、人字拖。

母亲说，看到我朋友圈发的照片，被大雪覆盖的丛林、房顶和道路，都显得那么好看，她在南方生活了一辈子，还没见过这么大的雪。

母亲说，希望有生之年，可以到北方去看一场雪。

真是惭愧啊，这些年自己陆陆续续去过一些国家，踏足过的城市也很多，已经不觉得南方的海、北方的雪有什么稀奇，甚至渐渐失去了随手拍照的心情。可母亲从未远行过，从未踏出过那个南方城市，一辈子为柴米油盐辛苦着，这个曼妙和绮丽的世界她还没有看过多少。

“妈，也不知道是不是越来越念旧，最近脑子里总会冒出一些动摇我继续在外漂泊的想法。有些日子，忽然就不想在外面闯荡了，想放弃所谓的渴望和自由，买上一张飞机票就回家，然后和你们一直住在一起，在我们的那个小城市里一起生活一辈子，平时买买菜、做做饭，不嫁人也可以。”

“傻姑娘，人累的时候就容易胡思乱想，这些疲惫谁都会有，熬过去就好了。这过日子啊，考验还多着呢。你要在年轻的时候，多去看看外面的世界。别像我们，老了，能说的来来回回就那些鸡毛蒜皮的事情，这样不好。可你要是想回家了，就随时回来，妈去接你，多晚都行。”

那一晚，北海道的风特别大，我关上窗户，泡了杯从国内带来的茉莉花茶，心里突然觉得很幸福。

那一年的圣诞节前夜，我在小樽打电话问候母亲。

母亲说，现在的大多数节日，不过是些障眼法。偏偏有些人喜欢以此来考验对方是否在意、珍视自己。其实生活不是这样的。有心的人会在你睡醒时准备好一碗热粥，睡前倒好一杯热牛奶，无心的人是今天忙明儿事也多，总之无暇理会你。

我笑着说，您就别打击别人的小期许了。不都说一旦恋爱智商为零吗，再说，哪个恋爱中的女生不会偶尔少女心泛滥。平时就算了，过节当然会想要他给自己一些小惊喜，一束花、一份巧克力也好。离得远，一句温柔的情话也好；离得近，一个拥抱也好。那些所谓的春日一起看花、冬日一同赏雪，都是难得的美好，所以偶尔的小浪漫也是可以期盼的。而且男生也会期待一些意外的感动啊。比如结束一天的工作，下班回家时，已经有一桌热饭候着，睡醒睁开眼就能有一个温柔的吻。那些疲惫和不如意都会因为这种爱烟消云散吧。

母亲不反驳，只是依旧试图让我认同，过日子还是实际些好。

这些年来，母亲真是能买西兰花就绝对不要娇艳的玫瑰，能自己下厨就极少出门下馆子。记得父亲曾在某个节日送她一束玫瑰，芬芳扑鼻，她却指责父亲浪费钱。说是朴实勤俭就行，说不懂浪漫也无可厚非。后来父亲又在一个极其普通的日子送给她一张购物卡，说是公司发的奖励。她第二天便高高兴兴地去超市买回来一堆吃的、用的，还给父亲买了件新的衬衫，样式是父亲喜欢的条纹款。

母亲说，不是她不懂浪漫，而是女孩应该知道不要只用耳朵和眼睛谈恋爱，要记得真正对你的好全在生活细微处。至于节日不节日，其实是无关紧要的。

我能认同母亲的想法，但是我还是希望，能被人惦念。

工作结束，回到苏州，气温回升。

和母亲视频，她正在看电视剧。

在视频里见到父亲，发现他手上出现了老年斑，身体因为手术的关系越发消瘦，看上去让人心疼。

母亲说，阳台的茉莉又开花了，香气四溢，等我回家了可以闻闻。忽然更心疼了，因为我发现，父母慢慢地在时间的长跑中被丢下了。他们就这样在春风夏雨里变老了，家乡的街道改了，鸣笛的火车走了，光阴逝去了。

突然间天气变得好热好热，热得让人想流泪。我订了回家的机票，想闻闻茉莉花香、陪陪爸妈。

可能对于母亲来说，无论我在外面是混得风生水起还是碌碌无为，到了一年中最冷的时候，她都想让我回家。而家永远温暖，能让我卸下所有的盔甲。

对我而言，回家，即是回到那个愿意为我承担所有，却始终心甘情愿的地方。

母亲是典型的南方女人，身型瘦小，很怕冷。但她却可以在寒冬的凌晨三四点和父亲到车站接我。父亲说，南方的冬天不冷，可凌晨三四点的风还是冻得人发麻。可母亲总是笑着，从不抱怨。

许多次回家前，我都告诉他们不用来接我，我可以自己坐车回家。可母亲总像个不听话的小孩一样，还是会提前到站台等我。

但是，离家时，母亲很少去送我。

年少时以为是母亲工作忙，没时间送或是不想送。后来才发现，母亲的确是不想送。这种不想，是不舍。

她固执地认为，不该送也不能送。她怕把孩子送走，就很难盼来归期。

她心里纵有万般的舍不得，也从来不说。

母亲节，我给母亲打电话。

前几天给她买了份礼物，一件棉麻裙子。

母亲说，快递刚送到，穿起来挺好看的。只是现在自己鲜少穿裙子了，给姐姐家带孩子，总觉着不方便。

犹记得看过母亲年轻时的照片，其中有一张是她穿着白色的亚麻裙子站在一片秋日的田埂上，风吹动她及腰的长发，好像是一个闪闪发光的仙女。

母亲现在眼窝很深，眼角皱纹很多，脸上的黄斑也多。岁月匆匆活成了皱纹，刻在母亲的额头上、脸颊上，哪哪儿都是。而那逐渐发白的发鬓，也一点一点地印在我的心里。

母亲说，其实自己也曾有过许多青葱的记忆，包括那些年少的情谊。可岁月是神偷，偷走了许多珍贵，渐渐地，她就再也想不起过往。那些过往就像傍晚升起的袅袅炊烟，慢慢地散在了岁月的长河里。

觉得忧伤。为母亲叹息。多是遗憾，遗憾我们留不住时间。

可即使明知跑不赢时间，我仍然想为母亲记录下些什么，即便只是简单的文字，朴实的对话，或是啰嗦的叨扰，都想完整地记录下来。

就像哆啦A梦的时光机，想拥有一个能兜住风的口袋，我想留住这些碎片。

看到一句话说，我不怕累，我怕孤单。

其实我想说，我不怕远游，我怕思乡。

母亲啊母亲，当夜晚的风漫过山野吹亮万家灯火，你是否也在怀念，怀念那些怎么也留不住的时光。

FIVE

活着，努力
向生硬的人生呐喊

在时间里沉潜

搬离杭州的第二十三天。

养猫的第十天。我的猫叫栗子。

傍晚的天气很好，初秋的夕阳把光晕打在玻璃窗上，那抹橘黄色的光就轻轻地溜进了房间，带点闪闪发光的温柔。栗子安静地坐在我旁边，看着我码字，不吵不闹，生活真美好。

原本以为十分遥远的一人、一猫、三餐、四季，却转眼成了我整个的生活。

在杭州生活了三年，我交到了一些好朋友，拥有了能支撑自己在这里生活、工作下去的朋友圈。当然，也赏过西湖六月的荷花，尝过八月的桂花酿，在绕了一圈又一圈后找到了环境不错、观影感满分的电影院，以及土豆炒饭很好吃的小餐馆。在吐槽了很多理发店之后，也终于找到了满意的发型师。

我怀念那些一个人走过的街道，怀念那时一次次跌倒又爬起来的无畏和勇敢，怀念一步一步克服困难逐渐成长的自己。那里的三年，仿佛每一天都会说话，它悄悄地独自记录着一些说不清的时光。

我逃离似地匆忙搬离那里，没和任何人道别，又害怕在那里的一切会被人遗忘，害怕离开便没有再回来的机会，所以觉得有些悲伤。好在，人拥有自愈的能力，包括面对孤独。所以安慰自己，别害怕，离开就是新的开始。

苏州的房子不大却五脏俱全，卧室大概十多平方米大，主色调是我喜欢的白色：白色的衣柜、白色的窗纱、白色的四件套。晴天的时候，阳光能够穿透那层薄薄的纱布，在我熟睡的脸上打下一层光晕，提醒我新的一天已经开始。我买了咖色的拼接地毯，一块一块把它们拼接好，摆上几件简单的装饰，再摆一盆绿植在床头，旁边是新买的拖鞋。简简单单的样子，却能在我最疲惫最需要安慰的时候，给予我一方天地让我拥抱自己。

值得感谢的是，当我还未能独立撑起这份陌生的孤独时，栗子进入了我的生活。给它起栗子这个名字，纯粹只是因为它的毛发颜色有点像栗子的颜色。栗子乖巧聪明，却又十分慵懒贪睡。它习惯睡在我怀里，也喜欢趴在我腿上，当我白天写作的时候，它就自己乖乖地晒太阳。

有段时间它有点挑食，给它换了两种猫粮，但吃的并不多。给它买了新的猫窝，价格很贵，它却不喜欢。只喜欢在睡觉时间一溜烟地跳上床，在圈住的地盘每天换着姿势睡，但最喜欢的，还是枕着我的胳膊呼噜呼噜地睡，可能是缺少安全感，或者是对陌生环境的警醒和不安，她需要一种强而有力的支撑，需要一种温暖而有爱的陪伴。

原来猫和人一样，都有害怕和落寞的时候。

和朋友聊天，说最近可能是瓶颈期，人十分懒惰，什么都不想做。懒得出门交际，懒得远行，甚至懒到一整天都想窝在床上，连房门都不想迈出。这种惰性让我不想工作，不想运动，不想吃饭，不想睡醒，不想起床。即使我知道这是非正常状态，也十分厌恶这种状态，可我没有力量改变，或者是懒得改变。

朋友说，会好的，至少他相信我不会如此长久下去。

那就先相信着吧，毕竟活了这么多年，每个人大概都握着一本开心指南。

治愈自己的方式千差万别。有人需要暴食，有人需要血拼，有人需要狂奔，有人需要安静。

每天夕阳西下的时候，窗外的北环东路总有人来来往往。

谢谢在某个余晖洒满房间的傍晚，我可以安静地写下这些文字。

十一月的某个夜晚，北京时间七点五十四分，我坐在开往济南的列车上。

窗外一闪而过的是万家的灯火，是匆匆的掠影和猖狂肆虐的风声。车厢里充斥着人们聊天的声音，四五个熊孩子的吵闹声，以及断断续续的列车员的叫卖声。幸好乘坐的是动车不是绿皮，车厢禁烟。

坐在我身旁的是一个高高瘦瘦的男生，他沉默着，侧脸是硬朗的模样。

我低着头，他侧着脸，我们不认识彼此，但我们一同去北方。

他问我，去济南做什么，旅行还是探亲访友，或是去见异地的男友。我说，什么都不做，就随便买了一张车票，瞎晃晃，散散心。他突然笑了起来，说，“我也是”。看了目的地，都是济南。那不如，一起吧。

他大概是个不爱说话的人，总是走得很慢，喜欢盯着远方看，不喜欢拿手机拍照。我走在他前面，一路上会惊奇，会开心，会觉得冷，但他好像都没有什么表情变化。也可能是因为彼此陌生，不想说太多无关紧要的话。随他去吧。

我们一起走过夏雨荷的大明湖畔，吃芙蓉街的小吃，看泉城之根的样子，也一起吹了济南晚上八度的夜风。彼此相约晚上喝一杯。可能因为太久不喝酒了，凌晨的两三杯黑方，便已经让我醉醺醺。凌晨的醉意最难解，要用很大、很暖的拥抱才可以。

我走出酒吧，路上的行人越来越少，月光冷冷清清。夜晚的济南是真的冷啊，呼出的气都是白色的。我颤抖地掏出手机，打开微信公众号，群发了一条消息——“我需要一个拥抱”。于是我收到了几百条“拥抱”的消息，心里觉得很感动。

忘了自己是怎么走回的酒店，又是怎么沉睡过去的，只记得头很痛，心也很痛。

生活的残酷远远超出我们的想象，总会有意无意地打击我们继续勇敢呐喊的心。真害怕有一天，我会承认自己是个失败者，然后甘于平庸，碌碌无为地过完这一生。

如果可以的话，扔掉一些包袱吧。别想太多，该来的总会来的。

如果冬天很冷的话，记得出门戴上围巾、手套，吃热腾腾的火锅，睡暖和的被窝，抱深爱的男人或女人。

如果你也觉得孤独难熬，想要和时间对话，那我愿你最后都能心平气和，重新出发。

你觉得这个世界美好吗

你知道吗，有很多时候我也觉得活着很难受。而且这种感觉会频繁地出现在我的生活里，让我的身体变得越来越弱。

头痛、胃痛、感冒、发烧等频发。情绪上的焦躁、不安、抑郁和孤独，常常让我陷入莫名的恐慌，对生活里的一切渐渐失去兴趣和信心。开始变得厌世，偶尔极端到想做特别消极的事。有时候觉得一天天都是在硬撑着过，真的很累。

每到这种时候，我会忍不住瞎想，叔叔在风华正茂的45岁就走了，那我是不是可能三十多就会走了。奇怪的是，对死亡这件事，我竟然并不恐惧。甚至某些时刻，我觉得死亡是对生而为人的苦恼最为直接和快速的解决方式。挺消极的吧，我也这么认为。

于是有人对我说，世界还是美好的，你要学会发现生活的善和美，你要勇于面对暂时的逆境和艰难，变得勇敢坚强一点，咬咬牙熬过去，一切都会变好的。

可我信吗？当时我不信。

我不信咬咬牙就能熬过去，我不信跌倒后拍拍身上的尘土，转过头把眼泪一擦，还能微笑地面对生活。

后来我信了，就在去年夏天。

去年我爸连续动了两次手术，中间间隔四个月。自从父亲进了医院的重症病房，除了我妈和我换班，我姐也来帮忙。当时的自己，累得一个星期下来瘦了几斤。当时最大的奢望大概就是能偷个空好好休息一下，就算只是踏实地睡一觉也好。可是不能。全家人都担心得睡不着，我妈哭得眼睛一天比一天肿，越来越憔悴。可她还要每天五六点起，收拾好家里然后赶赴医院。那几个月，她一下老了十岁，鬓角有些白了。

我问老天爷，为什么这么不公平？已经带走了最疼爱我的叔叔，为什么还要让父亲经历如此大的痛苦？而我们一家，真的能熬过去吗？我们还能相信，一切都会好起来吗？没有人给我答案。

直到后来手术成功，看着浑身插满管子被推出手术室的父亲，我突然特别感谢老天爷，感谢他没有残忍地在收走我叔之后再收走我父亲，感谢他听得到我真诚的祈祷。感谢我父亲还能继续活着，感谢以后还有人劝我少喝酒、少熬夜。

感谢，我没有在那个时候放弃对生的渴望。

感谢，直到最后我发现，我还是热爱这个世界的。

即使这个世界一开始并不友好，即使它让我伤痕累累，即使我无力抵抗所有的灾难。但在获得重生之时，心底油然而生的爱和感谢，是真实存在的。

你相信因果吗？我以前不信。

后来我觉得多少还是得相信一点儿。

就像我一直都随着自己的性子为人处世，因为不想迎和，不想奉承，更不想在乎世俗的眼光。总是任性地说着想说的话，做着自己乐意做的事。做人不够圆滑，所以和这个社会有太多不和。这样不但会得罪人，也会让自己遭罪。

可我爸说不是这样的。

这个世界有因果关系，也有规则和道德约束人们的行为，但没有人硬性规定别人的人生应该活成什么样。即使我们遇到再多的困难，也可以照自己的方式活着，只要开心就好。

所以，年过二十五的我，依旧过着漂泊类似流浪的日子。从这座城市来，到那座城市去，似乎没有哪一块土地属于我。

这样活着，真实又疲惫。匆匆忙忙又碌碌无为，挺粗糙的。

在外人眼里，可能我就是个怪物。

但所有的这些琐碎和普通，都让我感受到自己是在真实地活着。

这样很好，真的很好。

以前，十四岁的我总想着只要活到二十岁就够了。

后来，二十岁的我又想只要活到三十岁就够了吧。

现在，二十六七岁的我突然想活到六七十岁了。

是的，我变得有些贪生怕死了。害怕走得太早，错过太多未知的美好。

所以不论任性也好，随大流也好，只要能活着就好，不是吗？

最起码，面对死，我们最终还有生的选择。

所以，平时过马路的时候我会更注意，和朋友坐车如果开车超速一定会被我骂。每每刷微博朋友圈看到吃外卖吃死人或者熬夜猝死的消息，我也开始觉得害怕。而一旦浏览到关于抑郁症自杀的新闻和消息，我又会紧张地重新审视自己的身心状况。

变得恋生一点，变得对死亡不再那么轻描淡写，不好吗？

好，因为生活里的细小感动都在替我回答。

我很喜欢我们每次晚上开车从上海或杭州往苏州走的那些路，视线里一闪而过的车流和沿路的灯光，包括穿过耳朵呼啸而去的风声，都在昭示着，度过今晚，黎明即将到达。

每每这个时候，我都会问问自己，你觉得，这个世界美好吗？

我想，是的，这个世界是美好的。因为只要闭上眼睛，安心地睡一觉，天就又亮了。

生活的喜感和悲怆

一位朋友和我吐槽，说想辞职换工作。

我说："那你就辞了换呗。"

她说："可是我怕，怕辞了就找不到合适的。"

我问："那什么样的工作才是合适的？"

她沉默了一会儿说："其实吧，我特别矛盾，现在的工作很稳定，福利待遇也还可以，可是我又挺羡慕其他人的，感觉人家每天活得很新鲜。我这份工作，一眼就能望穿往后的每一日每一年，没什么变化，也没什么惊喜，想想觉得挺没意思的。"

我说："人比人气死人，大概就是这么来的。人就是这样，矛盾又贪心，总觉得别人的才好。"

现在大多数人满足并且知足，一小部分人心有不甘且怀有一颗贪得无厌的心，总觉得自己值得拥有更好的。

但这世上没有绝对的好与不好，都在于自己的理解和认知。

她说，从小到大，自己的语言学习能力一直不错，近些日子想搞外贸业务，但又怕自己好久没用的外语都忘得差不多了。纠结，所以想咨询下我的意见。

我觉得语言这种东西，是需要一定时间和相应的语言环境来搭配学习的，很多情况下用不到，久而久之，就忘记了。但如果底子不错，我觉得重新拾起来也不是问题。

学习和工作，其实都是一个道理，需要热爱和坚持。有热情但不能坚持；有想法，但没行动，都是不行的。所以我一向赞成，想做的事情赶紧做，喜欢的事情坚持做。

至于你最后要不要换工作，我给不了你答案。

晚上十点半，音响放着歌。

登陆后台后，看到很多消息。

有个姑娘，二十七岁。为了网恋男朋友从四川跑去广州，昨天分的手，因为一个很蹩脚的理由——他父母不同意找个门不当户不对的人。

她发了两百多条信息，打了很多通电话，他都没有回应。她不认识路，又发着烧，她没想到那个说着不能没有她的人，会这么决绝地离开她。她说这些年她过得都不好，她不知道原因到底是什么。她也不想活在过去里，哪怕过去的画面里有着最勇敢的自己。

我们都期待美好的爱情，我们也都要相信爱情。遗憾的是，在爱情里根本不存在越挫越勇这件事，受过太多伤后，很多人就不敢爱了。但等待爱情这件事也并不可怕，再漫长，再煎熬，只要能看到希望，就会让人充满力量。

那天，我问她：“你相信命运吗？”

她说：“命运我自己主宰，爱情也是。”

我说：“我不相信命运，但我相信缘分。”

爱情这条路，山高水长，荆棘遍布。可若在尽头有人等，就值得跋山涉水。

可安慰一个人，最忌讳隔着屏幕或电话说：“别难过，有我陪着你。”

为什么在我最需要你的时候，你只能远远地安慰我？为什么你不能就站在我的身旁，轻轻地把我拥入怀？

所以，我不安慰你。你想哭，就大声哭出来。

近几日的天气都是阴晴不定，白天还是大太阳，晚上就是大雨滂沱。不习惯带伞，所以偶尔会淋雨。

突然就在想，你的城市下雨了吗？有没有带伞呢？

似乎这样的一些细节，总可以在无形中把日常生活的小感动放大。

小叮当说，她有一个很喜欢我也有关注我的朋友，离开家去外地上大学了，很想家，可不可以给她一句鼓励的话。

我说：“有时候，我们离开家去远方是为了更好地锻炼自己，有时候想家，是为了攒够更多的勇气出发。不论你在哪里，想家的时候常打电话，一个人的时候别害怕，因为那是为了更有自信地回家。”

下午去吃甜品的时候碰到一个小朋友，她用小小的身体吃力地推开门，看到我快到门口的时候，用手努力地撑着门。她朝我奶声奶气地喊：“姐姐你快进，外面冷。”她父母朝我点头笑了一下。我赶忙示意“谢谢”并小跑了几步进去。甜品屋里很暖，小朋友一家更暖。

其实日子没那么糟糕啊，你看，善良和可爱都在身边。

我们是这样的一类普通人

我曾追了部很火的日剧，名字叫*Unnatural*。

日剧一贯的作风，就是每一集都会有很深刻却又能让你比较容易明白和理解的小道理，这些道理可能来源于生活和工作中的细微之处。往往那些可能会被我们疏忽掉的日常小细节，在日剧里都会成为思想意识传输的出口。比起韩剧，日剧更有深度，所以我更喜欢看日剧。在这部剧的第四集快结束的时候，有一段久部和三澄就的对话，让我印象尤为深刻。

"为什么工作呢？"

"为了生活。"

"你呢？"

"我啊，还没有找到梦想。"

"梦想什么的，那样夸张的东西，没有不也挺好的吗？有目标就行啊。”

“目标？”

“拿到工资，买想买的东西，放假的话，去哪儿玩玩，或者，为了谁而工作。”

在这部剧里，非自然死亡的佐野先生是一家日本著名蛋糕店的工厂员工，为了养家糊口维持生活，他需要一周工作长达140小时左右，在某次工作结束下班途中，由于过劳发生了事故，最终导致死亡。佐野先生并非自愿加班，工厂不正常的管理才是导致过劳的最重要的原因。令人感到难过的不只是一个生命的终止，也不只是一个普通家庭的破碎，而是在这种艰难的生活里，你看不到希望。你看，他最小的女儿才两岁。

在这里，我们暂且不谈其他问题，我们先说说梦想这个话题。

我们在很小的时候，都会被老师、大人们问到这样的一个问题：“你长大后想做什么呀？你的理想是什么呀？”其实我们小时候并不理解什么是理想，只是照着书里的、电视里的英雄画着心里的梦，所以医生、警察、科学家等一类的职位就成为很多小朋友小时候的答案。但是越长大越发现，小时候想成为的人，长大后却不一定会继续仰慕；小时候想做的工作，长大后也可能不再喜欢。

但这不就是成长带来的改变吗？

我有个朋友，是某国企的普通小职员。我曾经问他：“你的理想是什么，你愿意就这样平凡地度过你的一生吗？”他回答说，他并没什么远大的理想，他想要的生活就是每天能完成工作，结束一天的工作后，回家能泡个热水澡，吃顿热饭，再看场喜欢的球赛，周末和朋友打打球或者陪老婆逛逛街，就这么简单。

你会觉得他的人生无趣吗？不，我不会。因为这就是他的人生。你永远不要责怪一个无法坚持自己梦想的人。因为在这个快速发展的时代，并不是每个人都拥有追求梦想的勇气。而为数不多的那些有勇气追逐梦想的人，他们也曾拼尽全力想站在理想的高地，但中途又有多少人不得不选择放弃心中的理想，面对生活的残酷真相。

而生来就只是普通人的我们，即使也曾选择奋力向前，即使努力之后依旧无力改变什么，但我们都曾认真地努力过，不是吗？即便到最后，我们忘了什么是理想。

我们不再谈及理想，不再向往高山和大海。

我们变得越发庸俗，离曾经的诗和远方越来越远。

我们每天关心的，都只是琐碎的日常。比如能不能及时交上下个月的房租，房子的热水器是否出水正常，马桶堵住了怎么疏通。这一个月能去看几场电影，逛超市的时候能不能随便买，工资够不够多买一支口红。比如职位什么时候才会升迁，薪资什么时候才能涨。比如股票会不会跌，房贷、车贷按揭还剩多久。比如周末要去哪里玩、和谁去，喜欢的作者新出的书要不要买，上海最新的画展要不要去。比如孩子的奶粉、尿布为什么越来越贵，什么时候能挣够钱买比较好的牌子。比如老婆的生日礼物送什么，今天的外卖为什么这么难吃。

甚至，你会关心的只是为什么生理期的时候不能继续喝冰的、吃辣的，为什么睡觉的时候总是觉得饿。

柴米油盐，吃喝拉撒，围绕着我们的，都是这些生活的琐碎细节。

多么落俗无志气的人生啊，仿佛一眼就能望穿未来的几年、几十年。可是没办法，这就是我们大多数普通人的每一天、每一年。

没有办法选择出身，一开始就输在起跑线上。即使每天匆匆忙忙，起早贪黑，却又一生碌碌无为，没什么值得炫耀的成就和事迹。工作中看似不争不抢，实际上心知肚明，是因为无力与他人比拼。我们即使平凡普通，却从未责怪过这个社会；我们心存善良、保持天真，也从未讨厌过这个世界。

我们活着的每一天，没有远大的理想，只有眼下的目标，都是为了生活，没有什么不好。

我们，就是这样的一类普通人。

爱如春风，来去自由

我走到玻璃窗前，突然飘过来几滴雨珠。凉凉的，风也不燥了。又是一个多情夜，又如同往常一般孤独和寂寥。

大概凌晨差十分一点，熊猫微信发消息找我。

他打头的话特别瞎：“挺羡慕你的，终于做了和文字相关的工作。”

“滚。”有啥好羡慕的，我就是勉强混口饭过日子。

其实我和熊猫平日不常聊天，甚至连寒暄都没有。

可一旦聊起天来，说的都是重要的事，比如今天这事。

“我要奔着结婚去了，不浪了。”他发过来这么一串文字。

愣了几秒，我回了一句：“祝福啊，兄弟，真心实意地。”

真的，他说他不浪了，我都有点不敢相信。

婚姻对于我们这类习惯了自由又放浪形骸的人来说，是一种多么遥不可及又不可确信的存在。但是，每一个不轻易相信爱情的人，只不过是因为还没遇到那个让你愿意收起满身利刺然后紧紧相拥的人。所以那个曾经说自己一辈子都成不了腾云驾雾的齐天大圣的熊猫，终究还是被根长叶茂的竹子打败了啊。

我问："这么快就要结婚了？"

他说："是，可能是碰到对的人了。她的一切，我都喜欢，无论是口味、爱好、脾气，还是矫情的样子。"

看到这些话，突然觉得这小伙子真是可爱呢。小伙子要娶的那姑娘，你可真有福气。

随后我翻了翻他的朋友圈，看到他在1月7号那天写着：田蠢蠢。简洁有力的表白，真有趣。

他说："我追了她两年，1月7号她答应我的那天，我就挺想和你分享的。喜欢一个人，就是想让全世界都知道。"

有多少人真的愿意把自己的喜欢，分享给自己所认识的人呢。所以，当你和一个男生或女生谈着恋爱，却在彼此的朋友圈找不到任何痕迹的时候，那就是不够爱，或者根本不爱。

他说："你要不要听听我和她的故事？"

我说："你尽管说。"

他认识她的时候，他单身，她有男朋友。

他很成熟，为人处世落落大方，但她就像个小女孩。

她碰到什么都会哭、会怕。她害怕考试挂科，在宿舍哭得稀里哗啦，就给他打电话。连和男朋友的分分合合，她也都告诉他。但他心甘情愿地倾听，并且开始觉得她可爱。

我看倒挺像备胎的，但又有什么关系。

一开始，他向她表白过，被理所当然地拒绝。以他的脾气，早就爱谁谁，拉黑了事。但这一回他是真的栽了，他像中了邪一般喜欢着她。

他知道她也喜欢听相声，同他有一样的爱好。

他也会偷偷地去翻她的朋友圈，看她的生活状态，但不会打扰她。他也曾为了不让她一个人在宿舍害怕，熬夜陪她打电话聊天，即使他第二天还要早上六点出门去监工。

他在这两年里拒绝了家长安排的各式相亲，就是为了等她。

他说，他觉得自己是幸运的。他用两年的青春，换来了他想要的爱情。

他说，他们异地恋，他在国内，她在韩国。

他说，他觉得他们彼此都特别有勇气。

他说，年少时爱错了人，也浪了那么几年，所以特别珍惜这一次的拥有。

两年的默默等待，即使需要假装做朋友来掩饰自己的那份喜欢，有时候也感觉真的很心疼，可如果最终是这种结果，我觉得很值得。

我忽然很想喝酒。起身去开了瓶伏特加，够烈。

可能，我们所有的错过，都是为了等一个对的人。

即使那个人，在离你很远很远的地方。即使你们之间，有着就算努力也不一定能缩小的距离。即使你根本不知道这样的等待，会不会有结果。可是因为心里深藏的喜欢，你也愿意像个傻子一样，心甘情愿地假装，心甘情愿地孤独，心甘情愿地期盼，又心甘情愿地等待。

他说，他碰到过无数见了他的车钥匙就想跟他回家的女人，却第一次碰到一个愿意同他裸婚的女孩。

他说，他们刚在一起两天，却感觉像在一起两年了。

酒还没怎么喝，忽然，我就感觉有点醉了。

因为我想到了他。

我曾对他说过："你是我爱过时间最短、感情却最深的人。"不知道他会不会以为，这只是一句玩笑话。

我爱他的声音，爱他的字迹，爱他的温柔贴心，也爱他的男子汉气概。

我们相处起来，特别熟悉，特别舒服，仿佛灵魂之中有着无数的契合点。

我说："我们可以先这样远远地爱着。当我想你的时候，我会到你的城市看看你。你也可以来我在的城市看看我。"

我说："我不会去增加你的生活负担，我会照顾好自己，我们各自独立地生活，又互相依赖。"

我说："我爱上你的时候，并不了解你的家庭。我也不要你的房子、车子，我只想相爱的时候在一起。住四五十平的出租房，养一只猫，白天各自上班忙活，晚上回家做饭、看电影、散步，听你讲冷笑话。"

我说："我们不着急，我们慢慢喜欢上对方，这样我就能陪你久一点、爱你久一点。"

我说："这辈子，我可能忘不了你的声音了。"

……

好像所有的付出都是心甘情愿的爱和被爱。即使最后分开，也没有谁对谁错。

只是健忘的我，到最后忘了狠狠地哭一场。我一个人，在家默默喝了一宿的酒。

可能，因为我不够温柔和浪漫，所以得不到弥足珍贵的陪伴。

可能，因为我是一个像春风来去匆匆又自如的人，所以他不相信我肯为他停留。

可能，他像这偶然流经田野的溪流，被漫山遍野的小花喜欢着，却终究渴望着大海。

熊猫说，他最终还是没勇气选择出去闯荡，最后还是走了他曾经最讨厌的路。他懊恼过，但是不后悔。他说，他多想我能活出他曾希望自己活出的样子。

“一无所有就一无所求。假如我只能活到六十岁，那就再潇洒三十几年。”这是我的回答。

熊猫说：“我们都会越来越好的。”

我们所有的等待，最后都会换来应得的回报。

我不知道，我错过他，是对还是错。

但我知道，我再也遇不到和他一样的人了。

我不知道，假如我一直等，会不会等到想要的未来。

酒不醉人人自醉，我还是一个人把日子尽量过得潇洒些吧。

熊猫说：“明年来杭州，一定要给我带瓶好酒。”

我说：“好兄弟，一言为定。”

“来年春风吹，相思伴汝归。”

世事如书，我偏爱你这一句

“有些遗憾，无法遗忘。有些彼岸，终会抵达。我爱过你了，其他的就不重要了。”

电影《摆渡人》开播的前两个小时，我乘坐的飞机刚落地，拿好行李就匆忙赶回家。

匆匆收拾完毕便急忙出门，在开播的前五分钟，我到达放映影厅。我暗自庆幸，没有错过电影的开场。

记得这部电影在上映前，从演员的选角到预告片的播放，都伴随着很多不同的声音。质疑，批判，打击，鼓舞，期待……什么样的声音都有。

有的人说，这是一部被拍烂的小说，毁了原作的美好；也有人说，这是一部为了贺岁而贺岁、为了搞笑而搞笑的电影；还有人说，这是一部很王家卫又很不王家卫的电影，观众不知道是该笑还是该哭。

对于我来说，这有什么关系呢。这部电影，我足足等了三年左右。

电影开始放映。其实不论是整个片子的拍摄方式、叙述方式，还是电影色调的把握以及剪辑节奏，都还蛮港式，也挺有王家卫风格的。可作为王家卫影迷，又能明显感觉出来，这和他一贯的作品风格不同，比如《春光乍泄》，再比如《重庆森林》，所以不好判断。整部电影都被一种夸张的戏剧性幽默贯穿始终，却又淡淡地点到为止。影片的笑点会让影院里所有人发出笑声，持续的时间可能是三秒，也可能是五秒。剧本把所有的故事打碎、打散，再次揉捏，然后重新拼凑，看起来一波三折，其实又过渡得很巧妙。所以你无法只看开头就停止，而你也不能轻易猜中结局，就算看过小说原著也不能。所以，你需要花两个小时零八分钟来欣赏。

电影放了大概十多分钟，听到影院有观众开始低声抱怨："这都拍得什么鬼啊，一点也不像张嘉佳的风格。"可到底什么才是张嘉佳的风格呢？不如，我们好好看看电影，一起来找找答案。

"有的缘分很虚，其实什么都没有。"

"原本以为他很爱我，可其实他根本不在乎。"李宇春特别出演的洪兴十三妹低声说出这句话时，空气似乎被凝固了一下，观影氛围降到冰点。她的声音低低的、冷冷的，我的心便猝不及防地被揪了一下，无法抗拒，鼻子也冷不丁地酸了一下。

很多人都曾爱过，我们原本都以为自己爱的那个人就是最后的那个人，一定可以一起走到终点。可遗憾的是，他们之中，有的人选择提前下车，有的人根本没上车就远远地看你走，没有给你丝毫机会。

可因为留恋，因为不舍，我们常常在失去后仍紧紧地攥着那些回忆不放手。得不到的总是显得特别珍贵，留不住的缘分总是特别令人难忘。我们以为抓住回忆不放就能留住什么，可往往握得越紧，失去得越快，最后发现，其实除了满身伤痛，什么都没有留住。

陈末说："有些缘分像冰，化了就什么都没有了，不能强求。真正的爱情不应该像冷冷的冰，而应该像一杯温热的茶。"

其实这句话，放在贾玲饰演的角色身上一样有用。只是，张嘉佳和王家卫都在用另一种方式告诉我们，该如何去爱。

"失去心爱的人很痛心，可是失去不爱自己的人就不该可惜。"

曾经在某个时期，我也曾十分想念一个人，十分想念。每天都恨不得能有四十八小时可以用来想念他。那些辗转反侧无法入眠的夜晚，令我觉得爱情无望、人生无望。尽管我拼了命地思念着那个人，可是这种思念并没有办法向他传达，也无处安放。

在那种状态下，我像她又不像她。

后来才明白，就算我喝遍家里架子上所有的酒，哭花整张脸的妆容，也依旧没有勇气对他说："我想你，满脑子都是你。"我连站在他面前的勇气都没有，我又怎么能够有机会表白呢。事实上，在爱情里受的伤，除了我们自渡，别人始终无法理解和救赎。

我也知道，在爱情里令我们绝望的，不是没有办法想念，而是你花尽了所有的力气去想念，却没有得到丝毫回应。

这似乎跟小玉的故事又有点像。

孩童时期的崇拜和喜欢，随着年龄的增长和时间的流逝，没有变少，反而一点点增多，慢慢变成了大人之间的爱。

她一路看着他变好，变狼狈，变颓废。

她没有在他最成功的时候挤到他面前让他记得，也没有在他最落魄的时候转身离开。她只是想帮他找回从前的他。她花光积蓄给他筹办演唱会，她想摆渡他，去努力地练习感同身受。她和他玩酒吧高尔夫九洞，她为他拼命。

是的，所有人都知道小玉是喜欢马力的，她傻傻地偷偷地用影子拥抱了他，亲吻了他。小玉也知道自己是爱马力的，而且这份爱漫长无期，没有尽头。

陈末说，她像天上那个大大圆圆的月亮，只是个备胎，连江洁也大声怒斥她，说她就是个备胎。可她就是喜欢他啊，喜欢了十年。

在她喝酒喝吐弄得半条命都丢了的那晚，天上下着瓢泼大雨。她看着马力醒来后冲出去又打又闹，最后一步一步搀扶着狼狈又可悲的江洁远走时，她突然就笑了又哭了。对小玉来说，那根本就不止是一场雨，而是一碗灌顶的醒酒汤，她突然释怀了。

有些人原本就不属于自己，我们一开始就弄错了，所以才给了自己受伤的机会。

她知道，他不属于她。就像他已经不是十年前那个冒雨完成约定的他，就像他已经穿不上那件帅气的皮夹克，就像他注定不属于这一个城市，他注定要远走他乡。只是，人都一样，不到最后，心就不死。

假如，我是说假如。

假如小玉没有听到那一期电台节目，没有打那个电话，没有听到马力在电台里对她说："你来，我邀请你。"她可能就不用从医院里逃出来去赴约，可能就不会喜欢上那个骑着摩托载着她从雨天到晴天的马力，故事的结局可能也会因此不一样。

但哪有这么多假如呢，人生就是这样，注定要经历某些过程，不然怎么会有故事发生。有的过程可能只是两三个月，有的可能是一年，甚至是漫长的十年。

说到经历的故事，还要谈谈管春和毛毛。

站在客观的角度来说，管春和毛毛的故事，拍的确实不如写的好。读故事的时候，我是那么心疼管春，那么喜欢毛毛。但故事被搬到银屏上之后，总感觉少了些什么。可能是管春的满腔热血与浪漫，被港式夸张的幽默掩盖掉了几分。也可能是毛毛的温柔和细腻被不经意地缩小了。又或者是这两个人本来就该笑着开始，笑着分离，再笑着重来。

管春说："我没有前任，只有唯一。"所以，他等了毛毛十年。

他为毛毛策划了"爱饼才会赢，送酒送到顶"的血亏大酬宾活动；他为毛毛忍烫吃肿了嘴唇；他为毛毛说着吃饭三分饱吃多死得早，又硬撑着说一百斤刚刚好；他为毛毛带着陈末等一帮人大打一场，又重新青春了一把；他为毛毛远赴厄瓜多尔，却迷路南极……

所有的感动，所有的故事，和毛毛十年前想都没想就为他挡下的那一棒，其实是一样的。没有轻重的对比，没有多少的区分，都是自己全心全意的爱。这份爱，一爱就是十年。

当《十年》的背景音乐响起来时，我的眼眶是湿的。说不出原因，心里就是实在地被感动着。

小玉问陈末："你为某个人拼过命吗？"

陈末走在雨路里，一步一个脚印，沉默着，没有回答。可在他的心里，已经为何木子死了千千万万次吧。

陈末说："能一起吃火锅的人，都是一个世界的人。"其实吃什么不重要，身边坐着谁才重要。而他，这辈子都想带着何木子去吃火锅。何木子在吧台调酒的样子，一低眉，一抬眼，一张嘴，一媚笑，真是迷人极了。怪不得陈末这辈子都逃不过那一杯"明天见"。陈末说："一个人的夜，长短都没有意义。"他天天来和她求醉，夜夜有明天可期待。

她像杜鹃，她叫杜鹃。

杜鹃花开的样子他知道，寒夜里她的手心的温度，他也知道。后来他终于知道，失去她以后，他再也没有明天。而她无法永远和他说，“明天见”。

她像世间所有美好的事物一样，美好而短暂。仿佛时刻都可以看见，却不能长久拥有。这种短暂的拥有，让人抱憾终身。她更像一根刺，狠狠地扎在了陈末鲜活的骨肉上，想拔却不能也不敢拔。

后来，陈末扫遍了高尔夫九洞，他无数次走在那条求醉求死的路上，一次也没能成功地麻木自己。他明知道有些回忆是不能留的，他明明是个金牌摆渡人，他摆渡了无数人，却始终无法把自己送到彼岸。到底是不能，还是不舍，只有他自己才懂。

“对你来说，最重要的日子是哪一天？”

杜鹃说，是她第一次当摆渡人那天。而他，是第一次看到她穿着蓝色衣服扎着马尾辫的那天，可能就是在那天，他第一次见识了那一杯“明天见”。

影院忽然安静极了，安静到呼吸声都能听到。

电影的最后，马力在台上唱着“最渺小的我，有大大的梦，时间向前走，一定只有路口没有尽头，纷纷扰扰，这个世界，所有的了解，只要让我留在你身边……”

那一刻，他不是马力，他是陈奕迅。时间忽然静止了，声音像是穿透了时空直抵灵魂，鼻子酸酸的，想哭又哭不出来，格外难受。

电影结束的时间是凌晨的两点零八分。观众们陆续从黑暗中走到灯光下。

我裹紧大衣一个人走在南方凛冽的晚风里，冷冰冰的，倒是很舒服，像一只猫，孤独又自由，心里怀抱的所有遗憾忽然释然了。

我不是张嘉佳，我一年也喝不了四百杯伏特加，注定也做不了故事的主角。可是，我真真切切地爱过了，其他的就不重要了，不是吗?

“世事如书，我偏爱你这一句。愿做个逗号，待在你脚边。但你有自己的朗读者，而我只是个摆渡人。”我愿意相信，那些爱过的、错过的，最终都会以另一种方式归来。

“我们终会上岸，阳光万里，路边鲜花开放。”

人气博主南顾
精选微博 10 个问答

1

Q：得了抑郁症怎么办？

A：这是一个很沉重的话题，不能随意回答，因为我自己本身就是一个抑郁症患者。而我有两个朋友相继因为抑郁症选择了自杀，告别这个世界，一个是斐雯娜，一个是徐生。记得确诊抑郁症的那个夏天，我读高二。

抑郁症不是自闭症，也不是狂躁症，是一种患者本身拒绝与社会和自己交流，并且无法正常接收外界传来的信息的病症。那个夏天，我三天两头地头痛，无法集中精神，不能好好看书，也不想和别人说话，不能好好睡觉，整晚失眠。甚至变得厌世，对一切事物失去兴趣。人变得懒，连嘴都懒得张。我曾经一度以为，我的生命会停止在那个夏天。休学半年回家疗养，我妈天天哭。日子一天天过去，不高兴也不低落，偶尔听到开心的事情还会觉得生活依然充满着希望，而吃药只是每天要做的众多事项里的其中一项罢了。

真正让我慢慢好起来的，不是别人，是我自己。那个夏天，我靠阅读、画画、旅行撑起自己。那半年，除了要感谢亲朋好友的支持和帮助之外，我最要感谢的是维京。因为那半年，他从香港回来，一直陪着我。他说："等你好起来，我们就可以去更远的地方看看，像小鸟一样自由。"

回到学校以后，因为基础好，学习并无大碍。加上老师同学的帮助，成绩依然在年级前列。高中毕业，在读大学期间，以及大学毕业工作之后，抑郁症有时还是会犯，最严重的时候也曾想过自杀。可最终我仍旧对这个世界抱有期待，毕竟，我还没有看遍想看的山川湖海。

抑郁不是绝症，需要自救，需要周边人的理解，需要时间的过渡。如果你身边有这样的人，不要攻击，不要害怕，以平常心对待。我们不是怪物，我们只是比其他人更害怕孤独，更渴望爱和理解。

Q：如何才能让自己静下心来认真地做每件事？如今连打开一本书的力气都没有了。

A：我平均每年阅读的书籍本数大概是20+，对我的生活来说，阅读是必不可少的精神食粮。但也曾有一段时间，将近三四个月的时间，我没有完整地阅读完一本书，那种空虚感灌满身体。可就是没办法集中精神，即使找了合适的时间、合适的地点，以舒服的姿态打开了书籍，仍旧没有办法认真长久地读下去。我称之为“间歇精神压迫症”。

那段时间，我刚离开和朋友一起筹建的工作室，处于无业状态，身心因此承受着各种压力。睡也睡不好，整个人的状态坏到想拒绝一切社交。但我发现如果不打破这样的状态，受罪的只会是自己。所以我强迫自己，每天必须阅读一个小时以上，每天睡前看一部电影，把要做的事情列在清单上，每天必须执行。一个月过去后，这种状态终于有所好转。而那些事情有些到现在仍在继续，比如看电影。一个人出现了问题，要先清楚地了解自己的状态，再去做调整。

Q：怎么找到自己喜欢的工作？

A：你能先回答一下我的问题吗？你喜欢什么呢？所谓喜欢，一定是有兴趣、有热情去坚持的事情。工作也一样，它一定是相较之下，你较为感兴趣的事情。所以，你喜欢什么？时尚艺术还是销售服务？喜欢互联网还是美容？喜欢文化传媒还是工科技术一类？了解了自己喜欢做什么，再去有针对性地投递简历。而且，找到喜欢的工作，这句话本身就是有理解偏差的。喜欢的工作是找不来的，是因为你对一份工作感兴趣，久而久之，你就会喜欢上那份工作。

4

Q：如何让自己戒掉懒惰？

A：懒惰，戒掉？不可能的。懒惰是戒不掉的，你只能想办法让自己喜欢做一些事情，找到工作、生活中的兴趣点，让自己变得不那么懒。

5

Q：学生阶段应该做什么？

A：学习。这里的学习，除了你的专业课学习，还应该针对个人兴趣和爱好去学习相应的技能。多看书，看很多很多书。可以的话，多学几门外语。有喜欢的人，谈一场校园恋爱。如果还有空闲时间，可以利用自己的擅长之处，做些兼职，锻炼个人生存和适应社会的能力，顺便挣点生活费。

6

Q：面临毕业，不知道该去大城市还是在家乡的小城市考公务员？

A：如果你想体会一下大城市的压力和机遇，可以趁着年轻出去闯一闯。如果你只求安安稳稳过完这一生，那好好回家考公务员，然后嫁人生子，或娶妻生子。

7

Q：最近一直纠结一个问题，谈了一个对象，他比我小两岁，工作中认识的，我们俩条件都不算太好，短时间内买不起房子，家里人让我赶紧分手，找个有车、有房的人结婚。不知道分手之后以这些目的为前提找到的人，还会不会有感情……而现在的我对于他也不知道是不是真正的爱情，希望南顾能帮帮我。

A：喜欢是什么呢，爱又是什么呢？我们可能都有各自不同的见解。所以，为了爱情结婚，还是为了生活而结婚，每个人的选择都不一样。这个社会很现实，在有房、有车、有存款面前，百分百的真心也可能落得十分狼狈。可我们总是在用后半生的时间来怀念那一场百分百的相爱，所以，我们难道不该先真真正正地爱一场吗？

8

Q：喜欢一个人，可对方不喜欢我，不知道是放弃还是等待转机？

A：你坚持最久的一次喜欢是多久？如果现在选择放弃，你不怕以后感到后悔吗？如果会的话，再坚持一下吧。

9

Q：日久生情比不上一见钟情吗？

A：凤梨好吃还是草莓好吃？有人钟情于日久生情的爱，有人相信一见钟情的缘分。答案仅仅取决于你是哪一种人。

10

Q：一个人过得太久，都忘记怎么谈恋爱了，怎么办？

A：说实话，我也好久不谈恋爱了，都快忘了喜欢一个人是什么感觉。也曾经试过接触不同的人，可一想到又要重新去了解和被了解，又要重新适应一个人一段关系，就开始变得很恐惧，觉得很麻烦，然后就开始止步。这种症状，相信单身久了的人都有感触。但怎么办呢？我就是那种即使失恋一百次，再碰到那个能让我笑得像个孩子、把我宠上天的人，我还是会拍拍屁股站起来勇敢去爱。所以啊，我们不着急，但要保持相信爱情、敢于去爱的能力。